W0261021

ABHANDLUNGEN DER MATHEMATISCH-PHYSISCHEN KLASSE DER SÄCHSISCHEN AKADEMIE DER WISSENSCHAFTEN ZU LEIPZIG

I. BAND. (1. Bd.)*) 1852. brosch. Preis *M.* 13.60.

A. F. MÖBIUS, Über die Grundformen der Linien der dritten Ordnung. Mit 1 Tafel. 1849. *M.* 2.40.

P. A. HANSEN, Auflösung eines beliebigen Systems von linearischen Gleichungen. — Über die Entwickelung der Größe $(1 - 2\alpha H + \alpha^2)^{-\frac{1}{2}}$ nach den Potenzen von α. 1849. *M.* 1.20

A. SEEBECK, Über die Querschwingungen elast. Stäbe. 1849. *M.* 1.—

C. F. NAUMANN, Über die cyclocentrische Conchospirale u. über das Windungsgesetz von Planorbis Corneus. 1849. *M.* 1.—

W. WEBER, Elektrodynamische Maßbestimmungen (Widerstandsmessungen). 2. Abdruck. 1863. *M.* 3.—

F. REICH, Neue Versuche mit der Drehwage. 1852 *M.* 2.—

M. W. DROBISCH, Zusätze z. Florent. Problem. Mit 1 Taf. 1852. *M.* 1.60.

W. WEBER, Elektrodynamische Maßbestimmungen (Diamagnetismus). Mit 1 Tafel. 2. Abdruck. 1867. *M.* 2.—

II. BAND. (4. Bd.) 1855. brosch. Preis *M.* 20.—

M. W. DROBISCH, Über musikalische Tonbestimmung und Temperatur. Mit 1 Tafel. 1852. *M.* 3.—

W. HOFMEISTER, Beiträge zur Kenntniss der Gefäßkryptogamen. I. Mit 18 Tafeln. 1852. *M.* 4.—

P. A. HANSEN, Entwickelung des Produkts einer Potenz des Radius Vectors mit dem Sinus oder Cosinus eines Vielfachen der wahren Anomalie in Reihen, die nach den Sinussen oder Cosinussen der Vielfachen der wahren, excentrischen oder mittleren Anomalie fortschreiten. 1853. *M.* 3.—

—— Entwickelung der negativen und ungraden Potenzen der Quadratwurzel der Function $r^2 + r'^2 - 2rr'$ (cos U cos U' + sin U sin U' cos J). 1854. *M.* 3.—

O. SCHLÖMILCH, Über die Bestimmung der Massen und der Trägheitsmomente symmetrischer Rotationskörper von ungleichförmiger Dichtigkeit. 1854. *M.* —.80.

—— Über einige allgemeine Reihenentwickelungen und deren Anwendung auf die elliptischen Funktionen. 1854. *M.* 1.60.

P. A. HANSEN, Die Theorie des Äquatoreals. 1855. *M.* 2.40.

C. F. NAUMANN, Über die Rationalität der Tangenten-Verhältnisse tautozonaler Krystallflächen. 1855. *M.* 1.—

A. F. MÖBIUS, Die Theorie der Kreisverwandtschaft in rein geometrischer Darstellung. 1855. *M.* 2.—

III. BAND. (5. Bd.) 1857. brosch. Preis *M.* 19.20

M. W. DROBISCH, Nachträge zur Theorie der musikalischen Tonverhältnisse. 1855. *M.* 1.20.

P. A. HANSEN, Auseinandersetz. einer zweckm. Methode z. Berechn. d. absoluten Störungen d. klein. Planeten. 1. Abhdlg. 1856. *M.* 5.—

R. KOHLRAUSCH und W. WEBER, Elektrodynamische Maßbestimmungen, insbesondere Zurückführung der Stromintensitäts-Messungen auf mechanisches Maß. 2. Abdruck. 1889. *M.* 1.60

H. D'ARREST, Resultate aus Beobachtungen der Nebelflecken und Sternhaufen. Erste Reihe. 1856. *M.* 2.40.

W. G. HANKEL, Elektr. Untersuchungen. 1. Abhdlg.: Üb. d. Mess. d. atmosph. Elektrizität nach absol. Maße. Mit 2 Taf. 1856. *M.* 6.—

W. HOFMEISTER, Beiträge zur Kenntnis der Gefäßkryptogamen. II. Mit 13 Tafeln. 1857. *M.* 4.—

IV. BAND. (6. Bd.) 1859. brosch. Preis *M.* 22.50.

P. A. HANSEN, Auseinandersetz. e. zweckmäßig. Methode z. Berechn. d. absoluten Störungen d. klein. Planeten. 2. Abhdlg. 1875. *M.* 4.—

W. G. HANKEL, Elektrische Untersuchungen. 2. Abhdlg.: Über die thermo-elektrischen Eigenschaften des Boracites. 1857. *M.* 2.40.

—— Elektrische Untersuchungen. 3. Abhdl.: Über Elektrizitätserregung zwischen Metallen und erhitzten Salzen. 1858. *M.* 1.60.

P. A. HANSEN, Theorie der Sonnenfinsternisse und verwandten Erscheinungen. Mit 2 Tafeln. 1858. *M.* 6.—

G. T. FECHNER, Über ein wichtiges psychophysikalisch. Grundgesetz u. dessen Beziehung zur Schätzung der Sterngrößen. 1858. *M.* 2.—

W. HOFMEISTER, Neue Beiträge zur Kenntnis der Embryobildung der Phanerogamen. 1. Dikotyledonen m. ursprüngl. einzelligem, nur durch Zellenteilung wachs. Endosperm. Mit 27 Taf. 1859. *M.* 8.—

V. BAND. (7. Bd.) 1861. brosch. Preis *M.* 24.—

W. G. HANKEL, Elektrische Untersuchungen. 4. Abhdlg.: Über das Verhalten d. Weingeistflamme in elektr. Beziehung. 1859. *M.* 2.—

P. A. HANSEN, Auseinandersetz. einer zweckm. Methode z. Berechn. d. absoluten Störungen d. klein. Planeten. 3. Abhdlg. 1859 *M.* 7.20.

G. T. FECHNER, Üb. ein. Verhält. d. binocularen Sehens. 1860. *M.* 5.60.

G. METTENIUS, 2 Abhdlgen: I. Beiträge zur Anatomie d. Cycadeen. Mit 5 Taf. II. Über Seitenknospen bei Farnen. 1860. *M.* 3.—

W. HOFMEISTER, Neue Beiträge zur Kenntnis der Embryobildung. d. Phanerogamen. II. Monokotyledonen. Mit 25 Taf. 1861. *M.* 8.—

VI. BAND. (9. Bd.) 1864. brosch. Preis *M.* 19.20

W. G. HANKEL, Elektrische Untersuchungen. 5. Abhdl.: Maßbestimmungen der elektromotor. Kräfte. 1. Teil. 1861. *M.* 1.60

—— Messungen über die Absorption der chemischen Strahlen des Sonnenlichtes. 1862. *M.* 1.20.

P. A. HANSEN, Darlegung der theoretischen Berechnungen der in den Mondtafeln angewandten Störungen. 1. Abhdl. 1862. *M.* 9.—

G. METTENIUS, Üb. d. Bau v. Angiopteris. Mit 10 Taf. 1863. *M.* 4.40.

W. WEBER, Elektrodynamische Maßbestimmungen, insbesondere über elektrische Schwingungen. 1864. *M.* 3.—

VII. BAND. (11. Bd.) 1865. brosch. Preis *M.* 17.—

P. A. HANSEN, Darlegung der theoretischen Berechnung der in den Mondtafeln angewandten Störungen. 2. Abhdl. 1864. *M.* 9.—

G. METTENIUS, Über d. Hymenophyllaceae. Mit 5 Taf. 1864. *M.* 3.60.

P. A. HANSEN, Relationen einesteils zwischen Summen u. Differenzen u. andernteils zwischen Integralen u. Differentialen. 1865. *M.* 2.—

W. G. HANKEL, Elektrische Untersuchungen. 6. Abhdl.: Maßbestimmungen der elektromotor. Kräfte. 2. Teil. 1865. *M.* 2.80.

VIII. BAND. (13. Bd.) 1869. brosch. Preis *M.* 24.—

P. A. HANSEN, Geodätische Untersuchungen. 1865. *M.* 5.60.

—— Bestimmung des Längenunterschiedes zwischen den Sternwarten zu Gotha und Leipzig, unter seiner Mitwirkung ausgeführt von Dr. Auwers und Prof. Bruhns im April des Jahres 1865. Mit 1 Figurentafel. 1866. *M.* 2.80.

W. G. HANKEL, Elektrische Untersuchungen. 7. Abhdl.: Über die thermoelektr. Eigensch. d. Bergkrystalles. M. 2 Taf. 1866. *M.* 2.40.

P. A. HANSEN, Tafeln der Egeria mit Zugrundelegung der in den Abhandlungen der K. S. Ges. d. Wissenschaften in Leipzig veröffentlichten Störungen dieses Planeten berechnet und mit einleitenden Aufsätzen versehen. 1867. *M.* 6.80.

—— Von der Methode der kleinsten Quadrate im Allgemeinen und in ihrer Anwendung auf die Geodäsie. 1867. *M.* 6.—

IX. BAND. (14. Bd.) 1871. brosch. Preis *M.* 18.—

P. A. HANSEN, Fortgesetzte geodätische Untersuchungen, bestehend in zehn Supplementen zur Abhandlung von der Methode der kleinsten Quadrate im Allgemeinen und in ihrer Anwendung auf die Geodäsie. 1868. *M.* 5.40.

—— Entwickelung e. neuen veränd. Verfahrens zur Ausgleichung e. Dreiecksnetzes mit besond. Betracht. d. Falles, in welchem gewisse Winkel vorausbestimmte Werte bekommen sollen. 1869. *M.* 3.—

—— Supplement zu der geodätische Untersuch. benannten Abhandlg. die Reduction d. Winkel ein. sphäroid. Dreiecks betr. 1869. *M.* 2.—

W. G. HANKEL, Elektrische Untersuchungen. 8. Abhdl.: Über die thermoelektr. Eigensch. des Topases. Mit 4 Tafeln. 1870. *M.* 2.40.

P. A. HANSEN, Bestimmung d. Sonnenparallaxe durch Venusvorübergänge vor d. Sonnenscheibe mit besond. Berücksichtig. d. i. J. 1874 eintreffenden Vorüberganges. Mit 2 Planigloben. 1870. *M.* 3.—

G. T. FECHNER, Zur experiment. Ästhetik. 1. Teil. 1871. *M.* 2.—

X. BAND, (15. Bd.) 1874. brosch. Preis *M.* 21.—

W. WEBER, Elektrodynamische Maßbestimmungen, insbesondere über das Prinzip der Erhaltung der Energie. 1871. *M.* 1.60.

P. A. HANSEN, Untersuchungen des Weges eines Lichtstrahls durch eine belieb. Anzahl v. brechenden sphär. Oberflächen. 1871. *M.* 3.60.

C. BRUHNS und E. WEISS, Bestimmung der Längendifferenz zwischen Leipzig und Wien. 1872. *M.* 2.—

W. G. HANKEL, Elektrische Untersuchungen. 9. Abhdl.: Über die thermoelektr. Eigensch. d. Schwerspathes. M. 4 Taf. 1872. *M.* 2.—

—— Elektrische Untersuchungen. 10. Abhdl.: Über die thermoelektr. Eigenschaften des Aragonites. Mit 3 Tafeln. 1872. *M.* 2.—

C. NEUMANN, Über die den Kräften elektrodynamischen Ursprungs zuzuschreibenden Elementargesetze. 1873. *M.* 3.80

P. A. HANSEN, Von der Bestimmung der Teilungsfehler eines gradlinigen Maßstabes. 1874. *M.* 4.—

—— Über d. Darstellung d. grad. Aufsteigens u. Abweichens d. Mondes in Funktion d. Länge in d. Bahn u. d. Knotenlänge. 1874. *M.* 1.—

—— Dioptr. Untersuchungen mit Berücksicht. d. Farbenzerstreuung u. d. Abweich. wegen Kugelgestalt. 2. Abhdlg. 1874. *M.* 2.—

XI. BAND. (18. Bd.) 1878. brosch. Preis *M.* 21.—

G. T. FECHNER, Üb. d. Ausgangswert d. kleinst. Abweichungssumme, dess. Bestimmung, Verwendung und Verallgemein. 1874. *M.* 2.—

C. NEUMANN, Über das von Weber für die elektrischen Kräfte aufgestellte Gesetz. 1874. *M.* 3.—

W. G. HANKEL, Elektrische Untersuchungen. 11. Abhdlg.: Über die thermoelektrischen Eigenschaften des Kalkspathes, des Berylles des Idocrases und des Apophyllites. Mit 3 Tafeln 1875. *M.* 2.—

P. A. HANSEN, Über die Störungen der großen Planeten, insbesondere des Jupiter. 1875. *M.* 6.—

W. G. HANKEL, Elektrische Untersuchungen. 12. Abhdlg.: Über die thermoelektrischen Eigenschaften des Gypses, des Diopsids, des Orthoklases, des Albits u. des Periklins. Mit 4 Taf. 1875. *M.* 2.—

W. SCHEIBNER, Dioptrische Untersuchungen, insbesondere über das Hansensche Objektiv. 1876. *M.* 3.—

C. NEUMANN, Das Webersche Gesetz bei Zugrundelegung der unitarischen Anschauungsweise 1876. *M.* 1.—

W. WEBER, Elektrodynam. Maßbestimmungen, insbesondere über die Energie der Wechselwirkung. Mit 1 Tafel. 1878. *M.* 2.—

XII. BAND. (20. Bd.) 1883. brosch. Preis *M.* 22.—

W. G. HANKEL, Elektrische Untersuchungen. 13. Abhdlg.: Über die thermoelektrischen Eigenschaften des Apatits, Brucits, Coelestins, Prehnits, Natroliths, Skolezits, Datoliths und Axinits. Mit 3 Tafeln. 1878. *M.* 2.—

W. SCHEIBNER, Zur Reduktion elliptischer Integrale in reeller Form. 1879. *M.* 5.—

—— Supplement zur Abhandlung über die Reduktion elliptischer Integrale in reeller Form. 1880. *M.* 1.50.

W. G. HANKEL, Elektr. Untersuchungen. 14. Abhdlg.: Über d. photo- u. thermoelektr. Eigensch. d. Flußspathes. Mit 3 Taf. 1879. *M.* 2.—

C. BRUHNS, Neue Best. d. Längendiff. zwisch. d. Sternwarte in Leipzig u. d. neuen Sternwarte auf d. Türkenschanze in Wien 1880. *M.* 2.40

C. NEUMANN, Über die peripolaren Koordinaten. 1880 *M.* 1.50.

—— Die Verteil. d. Elektrizität auf ein. Kugelkalotte. 1880. *M.* 2.40.

W. G. HANKEL. Elektr. Untersuch. 15. Abhdlg.: Über die aktino- und piëzoelektr. Eigenschaften des Bergkrystalles und ihre Beziehung zu den thermoelektrischen. Mit 4 Tafeln. 1881. *M.* 2.—

—— Elektrische Untersuchungen. 16. Abhdlg.: Über die thermoelektr. Eigenschaften d. Helvins, Mellits, Pyromorphits, Mimetesits, Phenakits, Pennins, Dioptases, Strontianits, Witherits, Cerussits, Euklases und Titanits. Mit 3 Tafeln. 1882 *M.* 2.—

—— Elektrische Untersuchungen. 17. Abhdlg.: Über die bei einigen Gasentwickelungen auftretenden Elektrizitäten 1883. *M.* 1.80

*) Die eingeklammerten Ziffern geben die Zahl des Bandes in der Reihenfolge der Abhandlungen beider Klassen an.

DIE PLEJADEN

VON

FRIEDRICH HAYN

DES XXXVIII. BANDES
DER ABHANDLUNGEN DER MATHEMATISCH-PHYSISCHEN KLASSE
DER SÄCHSISCHEN AKADEMIE DER WISSENSCHAFTEN
N° VI

MIT 1 TAFEL

Springer Fachmedien Wiesbaden GmbH
1921

ISBN 978-3-663-15507-2 ISBN 978-3-663-16079-3 (eBook)
DOI 10.1007/978-3-663-16079-3

INHALTSVERZEICHNIS.

Einleitung.

Veranlasst wurde die vorliegende Arbeit durch Untersuchungen über den Ort und den Halbmesser des Mondes auf Grund von Plejadenbedeckungen.

Von keiner anderen Stelle des Himmels liegen so genaue relative Ortsbestimmungen vor wie von der Sterngruppe der Plejaden, und obgleich seit der berühmten B e s s e l schen Arbeit mehr als 70 Jahre verflossen sind, waren uns bisher die Eigenbewegungen innerhalb der Gruppe nur unsicher bekannt. Jeder, der die Plejaden beobachtet hat, wusste, dass die Differenzen Königsberg—Yale nicht als Eigenbewegungen gedeutet werden durften, denn bei den meisten Sternen waren solche Eigenbewegungen mit den Beobachtungen nicht in Einklang zu bringen.

Durch die Neubearbeitung der E l k i n schen Messungen und durch die Triangulation von M a s o n J. S m i t h in den Jahren 1900—1902 — beide erschienen in Vol. I, Part. VII, VIII der Transactions of the Astronomical Observatory of Yale University, 1904 — war nun eine Grundlage gegeben, wie sie von gleicher Sicherheit für keine andere Sterngruppe vorhanden ist. Obgleich die Epochendifferenz zwischen beiden Beobachtungsreihen nur 16 Jahre beträgt, zeigte eine Vergleichung dieser beiden Triangulationen ganz offenbar, dass die Abweichungen der Königsberger Beobachtungen in der Hauptsache in systematischen Fehlern der letzteren ihren Grund haben.

Man hätte nun annehmen müssen, dass in den letzten 30 bis 40 Jahren, in denen die Himmelsphotographie so grosse Fortschritte gemacht hat, von den vielen Aufnahmen der Plejaden einige vermessen worden wären. Es zeigte sich aber, dass ausser den aus der Jugendzeit der Astrographie stammenden Aufnahmen von R u t h e r f u r d und G o u l d nur an einer Stelle, und zwar in Bordeaux, eine photographische Vermessung durchgeführt worden war.

Wenn ich im Verlaufe der vorliegenden Abhandlung alle Beobachtungen am Meridiankreis und Fadenmikrometer ausser acht lasse, so liegt der Grund hierfür in dem Umstand, dass Beobachtungen im Meridian erst dann in Wettbewerb mit Heliometer und Photographie treten können, wenn sie sehr zahlreich sind, wie z. B. die Beobachtungen, die zu dem Fundamentalkatalog von B o s s vereinigt worden sind. Beobachtungen am Fadenmikrometer erreichen meist nicht den wünschenswerten Grad von Genauigkeit, vor allem aber sind sie immer stark beeinflusst von systematischen Fehlern, von denen Messungen am Heliometer oder auf der photographischen Platte ziemlich frei sind. Es ist aber zwecklos und ganz verfehlt, hochwertige Beobachtungen, die als verhältnismässig frei von systematischen Fehlern zu betrachten sind, mit solchen zu vereinen, die ein sehr geringes Gewicht besitzen und ausserdem mit Fehlern behaftet sind. Freilich findet man ein solches Verfahren öfter angewendet, als man erwarten sollte. Eine genaue Untersuchung und Bestimmung der systematischen Fehler müsste mindestens vorangehen.

Dass ich im folgenden auf frühere Untersuchungen über Eigenbewegungen nicht eingehe, geschieht aus dem Grunde, weil in jenen die Grundsätze nicht massgebend gewesen sind, die mich bei meinen Untersuchungen geleitet haben, und die ich soeben besprochen habe.

In Anbetracht der systematischen Fehler, die offenbar in den Königsberger Beobachtungen vorhanden waren, erschien es notwendig, durch eine neue Vermessung den die Beobachtungen umfassenden Zeitraum zu vergrössern und so den Eigenbewegungen innerhalb der Gruppe einen höheren Grad von Sicherheit zu geben.

Den Inhalt der vorliegenden Abhandlung bilden nun in der Hauptsache zwei Arbeiten. Zunächst wird auf den folgenden Seiten die Auswertung der in den Jahren 1915 und 1916 mit dem 30 cm-Refraktor erlangten Aufnahmen der Plejaden mitgeteilt; daran schliesst sich dann die Aufstellung eines Kataloges von 70 helleren Plejadensternen für das Aequinoktium von 1900 auf Grund der in dem Zeitraum von 1830 bis 1916 mit verschiedenen Heliometern und auf photographischem Wege durchgeführten Vermessungen. Die wesentlichen Resultate sind bereits in einem vorläufigen Bericht in Nr. 5015 der Astron. Nachrichten bekannt gegeben worden.

Da die mit dem 30 cm-Refraktor erhaltenen Plejadenaufnahmen und ihre Ausmessung mit dem neuen Messapparat von T o e p f e r u. S o h n die ersten grösseren photogrammetrischen Arbeiten sind, die ich mit beiden Apparaten auf dem Gebiete der Stellarastronomie ausgeführt habe, ist es wohl gerechtfertigt, die besonderen Eigenschaften der Instrumente etwas näher zu besprechen. Bei selenographischen Untersuchungen hatten sich die Einrichtungen schon aufs beste bewährt; hierüber habe ich in der IV. Abhandlung der Selenographischen Koordinaten berichtet, die 1914 im XXXIII. Bande der Abhandlungen der Königl. Sächsischen Gesellschaft der Wissenschaften erschienen ist. Kleinere Untersuchungen, die in der Hauptsache photographische Ortsbestimmungen des Mondes bei Gelegenheit von Vorübergängen des Mondes vor Sonne und Plejaden betrafen, sind mitgeteilt in den Astron. Nachrichten Nr. 4615, 4736, 4743, 4810.

Der Refraktor.

Das Instrument stammt in seinen mechanischen Teilen aus der R e p - s o l d schen Werkstatt; die Glasscheiben des Objektivs hat das Glaswerk von S c h o t t geliefert; die optischen Teile sind von R e i n f e l d e r hergestellt worden.

Die Brennweite des Objektivs ist etwas kürzer als beim alten Aequatoreal von 8 Zoll Oeffnung. Das Oeffnungsverhältnis ist 1 : 12; bestimmend für die Wahl dieses Wertes war der Wunsch, bei den nun einmal gegebenen Dimensionen des Kuppelbaues ein möglichst lichtstarkes Fernrohr anzuschaffen. Freilich ist diese Absicht dadurch vereitelt worden, dass die optische Firma den Auftrag erhielt, anstatt der sonst üblichen Farbenvereinigung in diesem Falle die Strahlen etwa zwischen den Linien D und F zu vereinigen. Auf diese Weise sollte das Instrument auch für photographische Arbeiten geeigneter gemacht werden. In der Tat ist soviel erreicht worden, dass man bei Anwendung geeigneter Platten und dazu passender Lichtfilter mit einem ziemlich engen Spektralbereich photographieren kann. Die Bilder sind dadurch sehr scharf und die atmosphärische Dispersion ist von geringem Einfluss. Aber die grosse Oeffnung des Objektivs kommt weder bei visuellen noch bei photographischen Arbeiten zur Geltung, wie aus den folgenden Angaben zu ersehen ist.

Die kürzeste Vereinigungsweite für den mittelsten Teil des Objektivs ist 3594 mm, und zwar für die Wellenlänge 5100; für andere Wellenlängen ergeben sich die Brennweiten aus folgendem Täfelchen:

Wellenlänge		
	7000	+ 4.0 mm
	5900	+ 1.4
	5700	+ 0.9
	5500	+ 0.5
	5300	+ 0.2
	5100	0.0
	4900	+ 0 3
	4700	+ 0.9
	4500	+ 1.6
	4000	+ 6.0

Für visuelle Beobachtungen können als vereinigt gelten die Wellenlängen von 5800—4600, das sind etwa 67 Prozent von der Gesamthelligkeit des Spektrums. Bei der sonst üblichen Achromasie werden etwa 85 Prozent vereinigt. Daraus geht hervor, dass ein Fernrohr der hier vorliegenden Farbenvereinigung visuell um 20 Prozent weniger leistet.

Die Zonenfehler des Objektivs sind mehrfach untersucht worden. Die Vereinigungsweiten ergeben sich für die Zonen mit dem Radius

von 25	bis 55	mm	+ 0.0	mm
„ 55	„ 85	„	+ 0.4	„
„ 85	„ 115	„	+ 1.2	„
„ 115	„ 150	„	+ 2.2	„

Diese Untersuchungen wurden nicht nur in der optischen Achse, sondern auch ½° von ihr entfernt in 4 verschiedenen Richtungen durchgeführt. Der Durchschnitt der Plattenebene mit den Strahlenbüscheln der H a r t m a n n schen Objektivblende in diesen 5 verschiedenen Lagen liess nicht die geringsten Anzeichen erkennen, aus denen man auf eine fehlerhafte Abbildung ausserhalb der optischen Achse schliessen könnte.

Aus den obigen Zahlen erkennt man, dass für scharfe Abbildung nur eine freie Oeffnung von höchstens 230 mm verwendbar ist, das sind aber nur 60 Prozent der vollen Oeffnung.

Das wenig befriedigende Resultat ist demnach, dass unser Objektiv nur halb soviel leistet wie ein solches vom F r a u n h o f e r typ, dessen Zonenfehler 1 mm nicht überschreiten, d. i. also die Leistung eines normalen Objektives von 21 cm Oeffnung. Nun verlaufen allerdings die Zonenfehler derartig, dass eine Korrektur keine grossen Schwierigkeiten verursachen würde, dadurch würde die Leistungsfähigkeit des Refraktors fast auf das Doppelte gesteigert. Leider konnte bisher die Verbesserung des Objektivs nicht ausgeführt werden.

Dort, wo es nur auf Flächenhelligkeit ankommt, würde die volle Oeffnung brauchbar sein. Aber solche Fälle kommen nicht vor; denn selbst bei Kometen soll doch der meist sehr schwache sternförmige Kern beobachtet werden. Diese Lichtschwäche des Objektivs hat sich bei allen Beobachtungen schwacher Objekte sehr unangenehm fühlbar gemacht; Sterne 11. Grösse sind nur unter grossen Schwierigkeiten messbar. Die ziemlich starke rote Aureole, die infolge der grossen Vereinigungsweite der roten Strahlen den Stern umgibt, trägt überdies noch dazu bei, dass schwache Sterne sich schlecht vom Hintergrunde abheben.

Bei photographischen Aufnahmen stört das nicht vereinigte blaue Ende des Spektrums viel stärker als bei visuellen Beobachtungen das rote, auch bei Verwendung von farbenempfindlichen Platten. Bei den selenograpphischen Arbeiten hatten sich von allen farbenempfindlichen Platten, die im Handel zu haben sind, die sogenannten Viridinplatten von Schleussner am besten bewährt. Sie besitzen 2 Bereiche stärkster Empfindlichkeit zwischen den Linien D und E und zwischen F und G. Da die Strahlen zwischen F und G nicht brauchbar sind, müssen sie abgeblendet werden. Zu diesem Zwecke wurden von Schott in Jena 4 Gelbfilter bezogen, von denen die mit 1 und 2 bezeichneten das blaue Ende des Spektrums bis zur Linie F fast völlig abschneiden, während die Scheiben a und b noch etwas Licht jenseits F durchlassen. Alle 4 Filter schwächen dabei den übrigen Teil des Spektrums in kaum messbarer Weise. Sie haben eine Stärke von 2 mm, sind planparallel geschliffen und schlierenfrei. Sie liegen in den Kassetten unmittelbar vor der empfindlichen Schicht.

Der Refraktor besass ausser dem Leitrohr keinerlei Einrichtung zum Photographieren. An Stelle des Mikrometers wurde ein gleichschwerer Stutzen hergestellt, der in einer drehbaren Schlittenführung die kleinen Kassetten für Platten vom Format 6×9 cm aufnimmt. Diese Einrichtung habe ich selbst in der Werkstatt hergestellt. Die Weite des Okularauszuges gestattet nur ein Feld von 6 cm = 1° auszunutzen; deshalb genügt im allgemeinen das kleine Format der Kassetten.

Bei dem so eng begrenzten Spektralbezirk wird naturgemäss trotz der hohen Emppfindlichkeit der Viridinplatten die Wirkung nur gering sein. Bei einer freien Oeffnung von 21 cm und 10 Min. Belichtungszeit erhält man z. B. von den Plejaden nur die Sterne bis zur 9. Grösse gut messbar abgebildet. Man wird daher den Refraktor nur zu solchen photographischen Arbeiten verwenden, wo einerseits genügende Lichtfülle vorhanden und ausserdem sehr genaue Abbildung erwünscht ist.

Die Exaktheit der Aufnahmen nach Möglichkeit zu steigern, muss daher angestrebt werden. Dazu ist vor allem nötig, die Führung in Rektaszension von allerlei störenden Einflüssen zu befreien. Es mussten deshalb zunächst die periodischen Fehler der Uhrschraube beseitigt werden. Ein genauer ausführlicher Bericht über diese Verbesserung ist in Nr. 4556 der Astron. Nachrichten erschienen, auf den hiermit verwiesen wird. Das Resultat allein sei kurz hier wiederholt.

Die Uhrschraube führt in 72 Sek. eine Umdrehung aus; das auf ihrer Achse sitzende Schneckenrad hat 36 Zähne. Für diese 36 Teile einer Umdrehung hatten anfangs die periodischen Fehler die Grösse unter I, nach der Verbesserung der ganzen Einrichtung die Grösse unter II.

Zahn	I	II	Zahn	I	II
	"	"		"	"
0	—0.37	+0.01	9	—0.40	—0.01
1	— 33	0	10	— 47	— 3
2	— 30	0	11	— 40	— 3
3	— 23	+ 2	12	— 37	— 8
4	— 20	+ 3	13	— 33	— 9
5	— 23	+ 3	14	— 30	— 8
6	— 27	0	15	— 23	— 8
7	— 30	0	16	— 10	— 7
8	— 37	0	17	— 07	— 6

Zahn	I	II	Zahn	I	II
	″	″		″	″
18	+ 0.23	— 0.01	27	+ 0.50	+ 0.06
19	+ 47	+ 7	28	+ 23	+ 5
20	+ 63	+ 8	29	0	+ 5
21	+ 73	+ 8	30	— 13	+ 2
22	+ 80	+ 5	31	— 13	0
23	+ 87	+ 1	32	— 33	— 1
24	+ 90	+ 5	33	— 40	— 2
25	+ 87	+ 8	34	— 43	— 2
26	+ 63	+ 7	35	— 37	0

Eine mangelhafte Nachführung des Instrumentes wirkt dann besonders schädlich, wenn die Helligkeit der Sterne sehr verschieden ist. Die Nachführung wird erschwert und verliert an Exaktheit durch die periodischen Fehler der Uhrschraube, die Teilungsfehler des Uhrkreises, die Schwankungen im Gange des Triebwerkes und schliesslich durch die Unregelmässigkeiten der Refraktion. Schädlich sind die periodischen Fehler, weil sie so rasch verlaufen, dass eine Korrektur durch den Beobachter ziemlich schwierig ist, und doch nicht so rasch, dass bei hellen Sternen die photographische Platte diese Unregelmässigkeiten nicht registrierte. Deshalb wurden diese Fehler zuerst beseitigt, was als vollkommen gelungen zu bezeichnen ist.

Die Teilungsfehler des Uhrkreises lassen sich nicht beseitigen; dafür, dass sie nicht sprunghaft verlaufen, muss der Hersteller sorgen. Die automatische Teilmaschine von G. H e y d e und die von dieser Firma gewählte Form der Schraube wird auch diesen Fehler verkleinern. Es hat den Anschein, als ob von vielen diese Teilungsfehler sehr unterschätzt werden. Man muss doch annehmen, dass bei einem Uhrkreis solche Fehler sehr erheblich grösser sind als bei einer Strichteilung. Der Glaube, dass durch ein Einschleifen der Uhrschraube in das Muttergewinde diese Fehler kleiner werden, ist irrig; nur die Unstetigkeiten werden dadurch etwas verringert. In Anbetracht der Grösse der Teilungsfehler ist nicht verständlich, warum ein so grosses Gewicht auf einen genauen Gang des Triebwerkes gelegt wird. Die R e p s o l d sche Form des Triebwerkes mit Federpendel leistet in der Tat alles, was man von einer solchen Vorrichtung verlangen kann, sie ist isochron und dabei einfach und zuverlässig. Weshalb da elektrische Sekundenkontrollen und andere komplizierte Vorrichtungen eingeführt werden, die doch durch die Teilungsfehler des Kreises völlig illusorisch gemacht werden, ist nicht recht zu verstehen.

Um nun alle die verschiedenen Störungen beseitigen zu können, muss die Feinbewegung leicht und sicher arbeiten. Die Feinbewegung des Refraktors in ihrer jetzigen Form ist für photographische Arbeiten kaum brauchbar. In der Werkstatt der Sternwarte ist eine Vorrichtung hergestellt worden, die diesen Uebelstand beseitigt.

Zu erwähnen ist noch, dass sowohl Objektiv wie Kassettenträger gut zentriert worden sind. Ist die Zentrierung bei senkrechter Stellung des Fernrohres vollkommen, so ist sie im Horizont infolge der Biegung der beiden Fernrohrhälften um 2′ fehlerhaft; das ist ein Fehler, der naturgemäss ganz zu vernachlässigen ist.

Bei den Eigentümlichkeiten des Objektives muss man besonders darauf bedacht sein, nur solche Aufgaben in Angriff zu nehmen, zu denen das Instrument in vollem Masse brauchbar ist. Die Erfahrungen haben aber gezeigt, dass bei richtiger Ausnutzung der vorhandenen Vorzüge Resultate gewonnen werden können, die mit den Leistungen anderer Refraktoren von ähnlichen Abmessungen wohl in Wettbewerb treten können.

Der Plattenmessapparat.

Nach den Ausführungen des vorigen Abschnittes wird der Refraktor wohl nur selten oder nie dazu verwendet werden, Sterngruppen oder gar Sternhaufen zu vermessen. Solche Arbeiten müssen lichtstärkeren Instrumenten überlassen werden. Es wird sich bei den photogrammetrischen Untersuchungen immer darum handeln, den Ort von wenigen Objekten mit möglichst grosser Genauigkeit zu bestimmen. Infolgedessen wurde eine Konstruktion gewählt, die zwar auch rechtwinklige Koordinaten zu messen gestattet, in der Hauptsache aber mit Polarkoordinaten arbeiten soll.

Die ersten photographischen Arbeiten wurden mit einem behelfsmässigen Apparate ausgeführt, einer Längenteilmaschine von Hildebrand in Freiberg, die mit einem Plattentisch versehen worden war, der Positionswinkel zu messen gestattete. Die Erfahrungen, die hierbei gemacht worden sind, wurden bei der Neukonstruktion mit Vorteil verwendet. Die Firma Toepfer u. Sohn in Potsdam hat dann meinen Wünschen entsprechend einen Apparat gebaut, dessen Eigenart aus den beigegebenen Bildern zu ersehen ist, und sie hat ihre Aufgabe in glänzender Weise gelöst.

Der Apparat ist nicht fehlerfrei, wie man aus dem folgenden ersehen wird, aber die Fehler sind nur klein und vor allem so überaus konstant, wie das ganze Instrument, so dass es eine Freude ist, damit zu arbeiten. Da es nicht transportabel sein sollte, konnte es schwer und stabil gebaut werden. Auch bei den längsten Messungsreihen tritt niemals eine messbare Veränderung des Apparates ein, ja man könnte Beobachtungsreihen ruhig stundenlang unterbrechen, ohne den geringsten schädlichen Einfluss befürchten zu müssen. Das ist eine Folge der glücklichen Anordnung der einzelnen Teile, des dazu verwendeten Materials und der Abmessungen, die jede messbare elastische Nachwirkung fast ausschliessen.

An der Hand der beiden beigegebenen Abbildungen in Vorder- und Rückansicht wird folgende kurze Beschreibung des Apparates seine Wirkungsweise erkennen lassen.

Ein pultartiger gusseiserner Unterbau trägt auf seiner oberen, etwa 30° geneigten Fläche den Plattentisch, der in kräftiger solider Führung gut eingeschliffen drehbar ist. Eine Klemmvorrichtung ist nicht notwendig und daher auch nicht vorhanden. Der Plattenträger lässt sich mit freier Hand drehen und ebenso mit Trieb. Konzentrisch mit dem Kreise ist ein breiter Ring drehbar eingelassen, der geklemmt werden kann. Dieser Ring dient dazu, die auf ihm festgeklemmte photographische Platte zu orientieren, damit der Positionskreis genähert richtige Positionswinkel liefert. Der Kreis ist in Zehntelgrade geteilt und mit 2 Schätzmikroskopen bis auf $^1/_{200}$ Grad genau ablesbar.

Der Unterbau trägt ausser dem Plattentisch die beiden sehr kräftigen Seitenwände. In diesen ist der grosse 35 mm starke Führungszylinder gelagert, ebenso sind daran die beiden Lager für die grosse Messschraube befestigt. Die Schraube hat Millimetergewinde und einen Durchmesser von 25 mm; sie hat rechts und links in gleicher Weise Zylinderführung und legt sich mit den beiden kugelförmigen Enden gegen justierbare ebene Widerlager. Auf der Schraube sitzt ein Zahnrad, in das ein Vorgelege eingreift. Mit diesem Vorgelege wird die Schraube gedreht; das hat den Vorteil, dass die Hand des Beobachters sich fest auf das Handrad stützen kann, ohne die Schraube schädlich zu beeinflussen. Am rechten Schraubenende sitzt die 100teilige Trommel nebst einer Zähltrommel für die ganzen Umdrehungen. Mit Hilfe eines Nonius lässt sich die Trommel bis auf $^1/_{2000}$ ablesen. Der Messbereich ist 110 Millimeter. Die Schraube schiebt den grossen Schlitten vor sich her, indem sie sich mit einem Ende gegen das Widerlager legt. Bei der entgegengesetzten Drehrichtung tritt dann das andere Widerlager in Tätigkeit und ebenso die anderen Flanken des Schrauben- und Muttergewindes. Bei dieser Konstruktion ist weder Feder noch Zuggewicht nötig, aber es werden die Schraubenfehler für die beiden Bewegungsrichtungen naturgemäss verschieden sich ergeben.

Der grosse Schlitten gleitet mit zwei zylindrisch geschliffenen Backen auf dem grossen Führungszylinder; federnde Friktionsrollen sorgen für Entlastung und Verminderung der Reibung. Den dritten Führungspunkt bildet eine kleine Rolle, die auf einer ebenen Schiene läuft, wie auf dem Bilde der Rückansicht deutlich zu sehen ist. Diese Schiene soll mit der Schraube und dem Zylinder parallel sein. Der Parallelismus gegen den Zylinder ist justierbar. Die Schraube selbst ist nicht in aller Strenge parallel gelagert, doch immerhin so, dass sie in allen Stellungen des Schlittens frei und ohne Zwang durch die Mutter hindurchführt.

Der grosse Schlitten trägt nun wieder einen kleineren Querschlitten, dessen prismatische Führung senkrecht zur Hauptbewegung sein soll. Diese zweite Bewegung ist nur mit Zahnstange und Trieb ausführbar, die Grösse der Bewegung lässt sich an einer Skala auf 0.1 mm genau ablesen. Der Schlitten, der sich festklemmen lässt, trägt am vorderen Ende das Mikroskop. Dem Mikroskop sind 2 Objektive und 2 Okulare beigegeben von 60 und 45 bezw. 25 und 15 mm Brennweite. Die Vergrösserungen können dadurch zwischen 6fach und 60fach variieren. Bei Messungen auf Platten wird stets das schwächere Objektiv mit Objektivvergrösserung 1 und das stärkere Okular verwendet; das entspricht der am Refraktor üblichen Vergrösserung bei visuellen Beobachtungen.

Das Mikroskop besitzt ein kleines Okularmikrometer, das in alle möglichen Positionswinkel gebracht werden kann. Die Ganghöhe dieser kleinen Messschraube ist 0.25 mm. Zum Fokusieren, Justieren und Klemmen sind alle nötigen Vorrichtungen in sehr zweckmässiger Weise angebracht.

Zum leichteren Verständnis des Folgenden sei noch bemerkt, dass die von der grossen Schraube gemessene Koordinate immer mit X bezeichnet wird. X wächst, wenn das Mikroskop sich von links nach rechts bewegt. Zeigt es auf den Mittelpunkt des Plattentisches, so ist die Ablesung 50. Die Bewegung des Querschlittens fällt demnach in die Y-Koordinate; Y wächst, wenn das Mikroskop sich dem Beobachter nähert. Y = 50 entspricht auch hier der Mitte des Positionskreises.

Zur genauen Untersuchung des Instrumentes sind in der eigenen Werkstatt einige Hilfsapparate hergestellt worden. Für die Ermittelung der periodischen Schraubenfehler habe ich es immer am zweckmässigsten gefunden, in der Schicht einer photographischen Platte einige feine Nadelstiche anzubringen, die sich mit ausserordentlicher Genauigkeit einstellen lassen. Um aber jederzeit die Ganghöhe der grossen Messschraube und ihre fortschreitenden Fehler feststellen zu können, wurde eine Normale geschaffen, zu der von Hildebrand in Freiberg 2 auf Nickel geteilte Skalen geliefert wurden. Diese beiden Skalen tragen eine Zentimeterteilung von 10 cm Länge, ein Intervall auf beiden ist dann noch in Millimeter geteilt. Sie sind auf einer Schlittenführung so montiert, dass die Teilungen in einer Ebene liegen und dicht aneinander hingeführt werden können, so dass jeder Strich der einen Skala mit jedem Strich der anderen zur Koinzidenz gebracht werden kann.

Die Teilungsfehler dieser Normalskala sind von Herrn Dr. G. Deutschland nach der Methode von Bruns sehr sorgfältig bestimmt worden. Zu diesem Zwecke wurde der ganze Schlittenapparat auf dem Plattentisch befestigt. Zur Vergleichung der Skalen wurde das kleinere Mikrometer verwendet, die grosse Schraube diente zur Bewegung. Die Korrektionen der Striche 0 bis 10 auf Skala I und die der Striche 20 bis 30 auf Skala II sind die folgenden:

0	0	20	0
1	+46	21	+5
2	+22	22	+11
3	+40	23	+22
4	+60	24	+50
5	−4	25	+26
6	+12	26	−22
7	+49	27	+18
8	+85	28	+38
9	+57	29	+12
10	0	30	0

Die Korrektionen sind in Zehntelmikron gegeben; der m. F. einer solchen Korrektion ist ¼ Mikron. Die Herstellung der Striche auf Nickel hat der Firma Hildebrand bedeutende Mühe verursacht, die Folge davon ist wohl auch, dass die einzelnen Korrektionen ziemlich gross sind, und dass die Definition der Striche, im Mikroskop gesehen, wenig befriedigend ist.

Die Ermittelung der Strichkorrektionen hat einen bedeutenden Aufwand an Einstellungen verursacht. Wenn man nun durch Ausmessen dieser Normalen die fortschreitenden Fehler der grossen Messschraube öfters kontrollieren wollte, so wäre jedesmal eine sehr bedeutende Arbeitsleistung erforderlich, um eine Genauigkeit wie die obige zu erreichen. Ich habe mir daher eine zweite Normale hergestellt, die man als Gebrauchsnormale bezeichnen könnte. Sie besteht aus einer photographischen Platte, in die ich mit einer feinen Nadel eine Punktreihe von 10 cm Länge eingestochen habe. Die Platte wurde dann mit einer zweiten Glasplatte abgedeckt. Diese Gebrauchsnormale ist dann mit der Nickelnormale geeicht worden. Die Einstellung auf die feinen Löcher in der Gelatineschicht ist viel genauer als das Einmessen von Teilstrichen, so dass man mit sehr wenig Arbeit eine grosse Genauigkeit erzielt.

Die Untersuchung der geradlinigen Führung der beiden Schlittenführungen verlangt, dass man mechanisch eine gerade Linie herstellt. Man hätte auf dem Plattentisch einen Spinnfaden ausspannen können. Da der Tisch aber schief steht, war eine Durchbiegung des Fadens vorauszusehen. Deshalb wurde ein anderer Weg eingeschlagen und eine Art Lichtlineal hergestellt. Dieses Hilfsinstrument ist nichts anderes als ein etwa 10 cm langer enger Spalt, der möglichst geradlinig ist. Er besteht in der Hauptsache aus 2 dünnen Stahlbändern, die zwischen zwei genaue gleichstarke rechteckige Rahmen geklemmt sind. Es ist ohne weiteres klar, dass ein solcher Spalt, in beiden Lagen verwendet, im Mittel eine gerade Linie darstellt.

Ein dritter Hilfsapparat ist eine kleine Mikrometerschraube, die sich an Stelle des Mikroskopobjektivs einschrauben lässt und als Taster die Entfernung Mikroskop-Tischplatte und somit die Neigung des Tisches gegen die verschiedenen Führungen misst.

Die Justierung und Untersuchung des Plattenmessapparates geschah in der Weise, dass zunächst die Führungsschiene dem Führungszylinder möglichst parallel gestellt wurde. Dabei war aber Bedacht darauf zu nehmen, dass die Schraube überall frei und ohne Zwang durch die Mutter hindurchführt. Hierauf wurde der Plattentisch durch Unterlegen sowohl dem Führungszylinder als auch dem Querschlitten parallel gemacht. Das alles lässt sich mit der Tasterschraube bewerkstelligen.

Nachdem so die Justierung beendigt ist, können die verschiedenen Fehler untersucht werden. Es gilt nun, zunächst zu untersuchen, ob der grosse Zylinder und die Führungsschiene geradlinig sind. Das geschieht mit dem Lichtlineal. Ebenso wird die prismatische Führung des Querschlittens untersucht. Ohne näher auf diese Untersuchungen, zu denen das kleine Mikrometer diente, einzugehen, will ich nur die Ergebnisse mitteilen.

Zunächst wurde festgestellt, dass der Zylinder ein wenig gebogen ist. Er ist gewiss anfangs geradlinig gewesen; später aber ist in der Mitte etwas Material weggenommen worden, um die Bewegungsfreiheit des Mikroskops in der Y-Koordinate etwas zu vergrössern. Durch diese nachträgliche Bearbeitung ist jedenfalls die Krümmung entstanden. Diese Krümmung muss zur Folge haben, dass das Mikroskop bei verschiedenen Werten von Y eine in der Richtung X gelegene Strecke verschieden lang misst. Durch Ausmessung der Glasnormale für 3 verschiedene Werte von Y, 25, 50, 75 fand ich folgende Reduktionen auf die Normalstellung Y = 50, ausgedrückt in Zehntelmikron.

Δ_1

X	10	20	30	40	50	60	70	80	90
Y = 20	+ 33	+ 24	+ 15	+ 7	0	− 5	− 9	− 12	− 15
30	+ 22	+ 16	+ 10	+ 4	0	− 3	− 6	− 8	− 10
40	+ 11	+ 8	+ 5	+ 2	0	− 1	− 3	− 4	− 5
50	0	0	0	0	0	0	0	0	0
60	− 11	− 8	− 5	− 2	0	+ 1	+ 3	+ 4	+ 5
70	− 22	− 16	− 10	− 4	0	+ 3	+ 6	+ 8	+ 10
80	− 33	− 24	− 15	− 7	0	+ 5	+ 9	+ 12	+ 15

Die Führungsschiene stellte sich als völlig geradlinig heraus, dagegen war die auf ihr laufende Rolle schwach elliptisch. Die Rolle wurde mit einer Marke versehen, damit man ihr jederzeit dieselbe Stellung für eine gewisse Ablesung der grossen Schraube geben kann. Berührt der Radius der Marke die Schiene bei Ablesung 65 Rev., so wirken die beiden Fehler, Krümmung des Zylinders und Elliptizität der Rolle so, dass sie sich fast völlig aufheben, d. h. die Absehenslinie des Mikroskops beschreibt auf dem Plattentisch fast genau eine gerade Linie. Die kleinen Abweichungen führe ich hier nicht an, da bisher mit dem Apparat keine Positionswinkel gemessen worden sind.

Die Führung des Y-Schlittens ist an sich nicht lang, wird aber für Werte von Y unter 10 und über 80 sehr kurz, so dass eine exakte Führung nicht mehr erwartet werden kann. Innerhalb der genannten Grenzen arbeitet aber auch diese Führung völlig einwandfrei; allerdings weicht sie etwas von einer geraden Linie ab. Misst man in rechtwinkligen Koordinaten, dann bedingt dieser Führungsfehler die folgenden Korrektionen:

Y	Δ_2	Y	Δ_2
15	−24	50	+80
20	−12	55	+88
25	0	60	+84
30	+16	65	+70
35	+32	70	+42
40	+48	75	0
45	+65	80	−55

Die Bestimmung der fortschreitenden Fehler der grossen Schraube geschah durch Ausmessen der beiden Normalen. Die Messungen in den Jahren 1914, 1915, 1916 ergaben die folgenden Reduktionen auf das durch die Nickelnormale gegebene Mass. Sie gelten für die Ablesung 50 des Y-Schlittens. Zieht man von den Korrektionen den linearen Betrag 2.45 (X — 50) ab, so bleiben die Grössen v übrig, die als eigentliche Schraubenfehler zu bezeichnen sind.

X	Wachsende Zahlen					Abnehmende Zahlen				
	1914	1915	1916	Δ_3	v	1914	1915	1916	Δ_3	v
5	−87	−66	−65	−73	+37	−134	−134	−134	−134	−34
15	−104	−98	−97	−100	−14	−113	−118	−118	−116	−30
25	−84	−74	−54	−71	−10	−63	−67	−56	−62	−1
35	−64	−56	−37	−52	−15	−21	−32	−21	−25	+12
45	−24	−11	−14	−16	−4	+18	+20	+30	+23	+35
55	−1	+15	+10	+8	−4	+59	+60	+58	+59	+47
65	+32	+61	+44	+46	+9	+80	+78	+68	+75	+38
75	+59	+80	+50	+63	+2	+79	+74	+51	+68	+7
85	+93	+84	+93	+90	+4	+65	+77	+82	+75	−11
95	+93	+64	+71	+76	−34	+34	+39	+40	+38	−72

Die periodischen Fehler beider Schrauben wurden nie in Rechnung gezogen, sondern stets durch die Anordnung der Messung eliminiert. Wie schon weiter oben gesagt, war zu erwarten, dass die periodischen Fehler der grossen Schraube sowohl für die beiden Drehrichtungen, wie auch für verschiedene Teile der Schraube verschieden ausfallen würden. Die Korrektionen der Trommelablesung sind für die einzelnen Zehntel und für die Revolutionen 20, 50, 80 die folgenden:

	Grosse Schraube						Kleine Schraube
	Wachsende Zahlen			Abnehmende Zahlen			
	20	50	80	20	50	80	
.0	0	+5	+8	+5	−5	−3	−7
.1	−4	0	+5	+10	−1	0	−6
.2	−7	−5	0	+12	+4	+3	−3
.3	−7	−9	−6	+8	+6	+5	+1
.4	−4	−8	−9	+2	+7	+6	+5
.5	0	−5	−8	−5	+5	+3	+7
.6	+4	0	−5	−10	+1	0	+6
.7	+7	+5	0	−12	−4	−3	+3
.8	+7	+9	+6	−8	−6	−5	−1
.9	+4	+8	+9	−2	−7	−6	−5

Die Korrektionen sind in Zehntausendsteln einer Umdrehung gegeben.

Für die kleine Schraube liess sich keine Abhängigkeit von der Drehrichtung und von der Gangnummer feststellen. Aus diesen Messungen, d. h. also bei Verwendung von sehr scharf definierten Objekten und einer Objektivvergrösserung 1, ergab sich der mittlere Fehler einer Einstellung für die grosse Schraube zu ⅓ Mikron, für die kleine Schraube zu ½ Mikron. Das würde heissen, dass die grosse Schraube genauer misst; das wäre natürlich ein Irrtum. Der Unterschied ist jedenfalls darin begründet, dass bei Messungen mit der grossen Schraube die Hand des Beobachters eine feste Stütze hat, während eine solche bei Messungen mit der kleinen Schraube vollkommen fehlt. ⅓ Mikron bedeutet in der Brennebene des Refraktors 0.″02; die grosse Schraube misst also trotz der bewegten grossen Massen so genau, wie bei der angewandten Vergrösserung überhaupt möglich ist.

Bei Messungen von rechtwinkligen Koordinaten sind dreierlei Korrektionen, Δ_1, Δ_2, Δ_3, im Falle von Polarkoordinaten ist nur Δ_3 anzubringen. Im ersteren Falle kann naturgemäss immer nur eine Koordinate gemessen werden, die andere erst nach Drehung des Plattentisches um 90°. Der Winkel zwischen X und Y ist sehr nahe ein Rechter; bei den vorliegenden Messungen war er ohne Bedeutung, da die Orientierung der Platte gesondert aus den α- und δ-Beobachtungen abgeleitet wurde.

Die Beobachtungen und ihre Berechnung.

Das kleine Format der Kassetten gestattete nicht, die ganze Plejadengruppe auf einer Platte aufzunehmen. 4 Aufnahmen waren mindestens notwendig; sie mussten sich ausserdem reichlich überdecken, damit ein festgefügtes System von Koordinaten zu Stande kam.

Bei den ersten 4 Aufnahmen wurden die beiden Gelbscheiben 1 und 2 verwendet, die sehr scharfe Bilder liefern. Die schwächsten Sterne sind auf diesen 4 Platten etwas unterbelichtet; um auch diese schwachen Sterne gut und sicher vermessen zu können, wurden dann noch 4 weitere Aufnahmen mit den Gelbscheiben a und b ausgeführt. Die hellen Sterne haben hier zwar nun ein verwaschenes Aussehen, zumal bei der grössten Belichtungszeit; diese Sternbilder wurden deshalb von der Vermessung ausgeschlossen. Ueberhaupt wurden auf dieser zweiten Plattenfolge nur die Sterne vermessen, die in der ersten Reihe nur auf einer Platte sich vorfanden oder überhaupt mit relativ geringem Gewicht bestimmt waren, und solche, deren Mitnahme notwendig war, um einen gesicherten Anschluss der 4 Platten zu erreichen.

Die notwendigen Beobachtungsdaten dieser 8 Aufnahmen gibt die folgende Zusammenstellung. Das Objektiv war bei allen auf 21 cm abgeblendet. Die Bildbeschaffenheit war an allen 4 Abenden als mittelmässig zu bezeichnen. Auf jeder der ersten 6 Platten befinden sich nebeneinander 3 Aufnahmen mit den Belichtungszeiten ½, 2, 10 Minuten. Die beiden letzten Platten tragen nur je 2 Aufnahmen mit Belichtungen von 5 und 10 Minuten.

Platte	Tag	Fokus	Stundenwinkel	Belichtung	Plattenmitte	Bar.	Temp.
I	1915 Febr. 20.	38.80	$+0^h$ $30^m.0$	0.5^m	55° 30′ + 24° 0′	730.0	+ 6°.5
			+0 31.8	2			
			+0 38.3	10			
II	Febr. 20.	„	+0 50.2	0.5	55 53 + 23 53		
			+0 52.0	2			
			+0 59.0	10			
III	Febr. 24.	„	+1 11.5	0.5	55 53 + 23 31	748.0	+ 3.0
			+1 13.8	2			
			+1 21.3	10			
IV	Febr. 24.	„	+1 47.8	0.5	55 24 + 24 23		
			+1 50.1	2			
			+1 57.1	10			
V	März 10.	39.40	+2 21.9	0.5	55 30 + 24 0	754.5	— 4.3
			+2 23.9	2			
			+2 30.9	10			
VI	März 10.	„	+2 45.8	0.5	55 53 + 23 53		
			+2 47.6	2			
			+2 54.1	10			
VII	1916 Jan. 25.	„	−1 43.1	10	55 53 + 23 31	760.0	+ 4.5
			−1 35.1	5			
VIII	Jan. 25.	„	−1 19.9	10	55 24 + 24 23		
			−1 11.4	5			

Mit den Gelbscheiben 1 und 2 erhält man in 30 Sekunden die Sterne bis einschliesslich 7.5 m, in 2 Minuten bis 8.5 m und in 10 Minuten bis 9.2 m gut messbar abgebildet. Die 3 Aufnahmen von so verschiedener Belichtungszeit bieten die Möglichkeit, die gegenseitige Lage der hellen und schwachen Sterne mit grosser Sicherheit zu bestimmen. Bei längerer Belichtung werden die Oerter der hellen Sterne stets unsicher, bei kürzerer sind aber die schwachen Sterne nicht messbar; die mittlere Belichtungszeit bildet die Brücke zwischen den beiden extremen Aufnahmen.

Da Massstab und Orientierung durch die beiden Triangulationen des Yale-Observatory mit grosser Sicherheit bestimmt ist, und da eine vorläufige Vergleichung der Heliometermessungen zeigte, dass mit Ausnahme einiger weniger, offenbar nicht zur Plejadengruppe gehöriger Sterne, Eigenbewegungen innerhalb der Gruppe nicht vorkommen, d. h. wenigstens nicht von einer Grösse, die innerhalb eines Zeitraums von 30 Jahren bemerkbar ist, konnte ich für meine Aufnahme Skalenwert und Orientierung aus den Yale-Beobachtungen entnehmen. Zu dem Zwecke wurde ein vorläufiger Katalog der Plejadensterne aufgestellt; dazu dienten die Heliometermessungen in Königsberg, Berlin, Göttingen und New-Haven. Die systematischen Unterschiede gegen den Katalog von Elkin wurden ermittelt, ebenso in 1. Näherung die relativen Eigenbewegungen und alles andere ganz in der Weise, wie im letzten Abschnitt bei der Bildung des definitiven Kataloges. Alles das übergehe ich hier, weil dem vorläufigen Katalog nur vorübergehende Bedeutung zukommt. Um Raum zu sparen, wird der Katalog hier nicht wiedergegeben. Er lässt sich aber ohne weiteres aus den von mir gefundenen Verbesserungen und den definitiven Resultaten meiner Vermessung herleiten.

Anfangs bestand die Absicht, nur die Oerter derjenigen Sterne zu bestimmen, die zweimal in New-Haven und ausserdem in Königsberg beobachtet worden sind. Der Plan wurde aber schliesslich dahin erweitert, dass der definitive Katalog alle Sterne enthalten sollte, die in den drei Beobachtungsreihen vorkommen. Meine Aufnahmen umfassen alle in Königsberg beobachteten und ausserdem diejenigen Sterne von Elkin, die in dem von den 4 Platten überdeckten Bereiche liegen.

Der Gang der Rechnung war einfach der, dass ich die Oerter des für 1885.0 geltenden vorläufigen Kataloges auf 1915.0 reduzierte und damit die rechtwinkligen ebenen Koordinaten A und D gegen die Plattenmitte berechnete. Diese Koordinaten wurden dann durch Berücksichtigung der Aberration und Refraktion in scheinbare umgerechnet, und diese dann mit den gemessenen Koordinaten verglichen. Aus dieser Vergleichung ergeben sich dann die Plattenkonstanten und die Verbesserungen der angenommenen Werte von α und δ.

Bezeichnet man mit α_0, δ_0 und α, δ die Rektaszension und Deklination der Plattenmitte bezw. eines Sternes, und ist der Abstand des Sternes vom Stundenkreis der Plattenmitte a, und d der Bogen auf dem Stundenkreis von der Plattenmitte bis zu a, dann ist

$$\sin a = \sin(\alpha - \alpha_0)\cos\delta, \quad d = \delta - \delta_0 + \Delta,$$

$$\text{wo } \sin\Delta = \operatorname{tg}\delta(\sec a - 1) = {}^1\!/_2 \operatorname{tg}\delta \sin^2 a.$$

Δ wurde einer kleinen Hilfstafel entnommen.

Wenn nun die Platte die Brennfläche im Punkte α_0, δ_0 berührt, und f die Brennweite ist, dann findet man die Entfernung des Sternes von der Plattenmitte und den zugehörigen Positionswinkel aus

$$\operatorname{tg} p = \operatorname{tg} a \operatorname{cosec} d, \quad \operatorname{tg} s = \operatorname{tg} d \sec p$$

und somit

$$A = f \operatorname{tg} s \sin p = f \operatorname{tg} a \sec d, \quad D = f \operatorname{tg} s \cos p = f \operatorname{tg} d.$$

Für f wurde vorläufig der Wert 3594.1 mm angenommen, entsprechend einer Fokusstellung 38.80, so dass für die Stellung 39.40 $f =$ 3594.7 mm ist.

Wäre nun bei der Messung die Platte genau justiert, der angenommene Wert von f richtig, keinerlei Verzeichnung oder Verziehung der Schicht vorhanden, und die angenommenen Sternörter fehlerfrei, so müssten $X - A$ und $X - D$ zwei Konstante sein. Eine Verzeichnung durch das Objektiv ist nach früheren Untersuchungen nicht wahrscheinlich, dagegen konnte eine Verziehung der Schicht wohl vorausgesetzt werden. Die Platten sind sehr dünn und durch die Gelatineschicht konkav gebogen; sie sind überdies lichthoffrei und haben daher eine doppelte Schicht, so dass ein etwas stärkeres Verziehen in der Nähe des Plattenrandes nicht unwahrscheinlich ist. Es wurde deshalb gesetzt:

$$A = f \operatorname{tg} a \sec d (1 + x_1 + s x_2 + s^2 x_3)$$

$$D = f \operatorname{tg} d (1 + y_1 + s y_2 + s^2 y_3)$$

Bei der Ausgleichung stellte sich heraus, dass nach Lage der Sache x_2 und y_2 nur schwer von x_1 und y_1 zu trennen waren; deshalb wurden die quadratischen Glieder weggelassen und nur angenommen

$$A = f \operatorname{tg} a \sec d (1 + x_1 + A^2 x_3 + D^2 x_4)$$

$$D = f \operatorname{tg} d (1 + y_1 + D^2 y_3 + A^2 y_4)$$

Nach obigem Ansatz müsste eigentlich $x_3 = x_4$ und $y_3 = y_4$ angenommen werden; da aber diese Formeln für A und D doch nichts anderes sind als Interpolationsformeln, die eine Schichtverzerrung darstellen sollen, die symmetrisch zu den Mittellinien der Platte verläuft und an den Rändern stärker anwächst, schien es mir von Vorteil zu sein, die neuen Unbekannten x_4 und y_4 einzuführen. Nennt man nun noch die Orientierungsfehler der Platte x_5 und y_5 und 2 additive Konstanten x_6 und y_6, dann ist

$$X = A + A x_1 + A^3 x_3 + A D^2 x_4 + D x_5 + x_6 + Konst.$$

oder $$X = D + D y_1 + D^3 y_3 + D A^2 y_4 + A y_5 + y_6 + Konst.$$

Für die beiden willkürlichen Konstanten wurden die Mittel von $X - A$ und $X - D$ gesetzt. Ist nun $m = X - A - Konst.$ und $n = X - D$ $Konst.$, dann lauten die Bedingungsgleichungen

$$m = A x_1 + A^3 x_3 + A D^2 x_4 + D x_5 + x_6$$

$$n = D y_1 + D^3 y_3 + D A^2 y_4 + A y_5 + y_6$$

Die Widersprüche im Sinne $B - R$ nach Einsetzung der 5 Unbekannten sind die Verbesserungen für A und D. Es ist aber

$$\Delta A = f \cos \delta \, \Delta \alpha, \; \Delta D = f \Delta \delta$$

und somit die Aufgabe gelöst.

Da nach den bisherigen Erfahrungen mit den hier verwendeten Platten die Verziehungen der Schicht nur sehr klein sind, die Grössen ΔA und ΔD aber für einzelne Sterne wesentlich grösser sein konnten, wurden zunächst in 1. Näherung nur die Unbekannten $x_5, y_5, \Delta_1 A, \Delta_1 D$ bestimmt. Mit diesen Werten $\Delta_1 A$ und $\Delta_1 D$ wurden die berechneten Koordinaten A und D verbessert und nun erst die strenge Ausgleichung vorgenommen. Bei dieser Ausgleichung wurden nur die Bedingungsgleichungen derjenigen Sterne mitgenommen, die nicht nur bei der Belichtung von 10 Minuten, sondern auch bei der von 2 Minuten gut messbar waren. Aus der Aufnahme mit kürzester Belichtung, bei der die Zahl der Sterne wesentlich geringer ist, wurden nur x_5, x_6, y_5, y_6 ermittelt; für die 6 anderen Unbekannten wurden die aus den beiden anderen Aufnahmen folgenden Werte angenommen.

Die Tabellen auf den folgenden Seiten geben alle Zahlenwerte, die zu einer eventuellen Nachprüfung notwendig sind und dem Leser ein Urteil über die Sicherheit der ganzen Untersuchung ermöglichen. Dabei wurde der Raumersparnis wegen alles weggelassen, was hierzu nicht unbedingt erforderlich ist. Die ersten Tabellen geben die Werte A und D, dann die Reduktion auf scheinbare Werte nach Abzug einer willkürlichen Konstanten und schliesslich die vorläufigen Verbesserungen $\Delta_1 A$, $\Delta_1 D$ der rechtwinkligen Koordinaten. Die Summen dieser 3 Grössen, vermehrt um eine Konstante und abgezogen von den gemessenen Abszissen X geben die Grössen m und n.

Zur Vermessung der Platten ist noch nachzutragen, dass jedes Sternbild viermal eingestellt wurde, nämlich mit 2 Fäden, die um eine halbe Revolution voneinander abstehen, und mit beiden Drehrichtungen der Schraube. Die Messungen in jeder Koordinate wurden in beiden Lagen der Platte ausgeführt. Entsprachen wachsenden Werten von X ebensolche Werte von α und δ, so ergaben sich die Grössen m und n. Die entgegengesetzte Plattenlage lieferte die Grössen m' und n'. Die Bedingungsgleichungen wurden für jede Plattenlage gesondert angesetzt, um zu sehen, in welcher Weise die Plattenkonstanten von den zufälligen Messungsfehlern abhängen. Diese Konstanten folgen am Schluss der Tabellen. In diesem sind nun noch die aus jedem Sternbilde folgenden Werte von ΔA und ΔD zu finden, in denen die vorläufigen Verbesserungen $\Delta_1 A$ und $\Delta_1 D$ mitenthalten sind. Zur Darstellung der Beobachtungen, den

Spalten mit der Ueberschrift $B-R$, ist zu bemerken, dass R mit den definitiven, aus allen Bildern und Platten folgenden Verbesserungen der Ausgangswerte berechnet wurde. Die Grössen m, n, ΔA, ΔD und $B-R$ sind in Mikrons gegeben.

Die Verbesserungen $\Delta_1 A$ und $\Delta_1 D$ für die Platten I bis IV unterscheiden sich nicht unwesentlich von denen der Platten V bis VIII, da bei letzteren schon die Ergebnisse einer ersten Ausgleichung der 4 ersten Platten berücksichtigt werden konnten.

Die in Königsberg beobachteten Sterne sind wie bei Bessel bezeichnet, die übrigen mit der Nummer, unter der sie bei Elkin aufgeführt sind.

Platte	Stern	A	$A'-A$	$\Delta_1 A$	D	$D'-D$	$\Delta_1 D$
I	17b	−31.2022	+153	−31	− 9.5477	+175	−18
	16g	−32.2713	154	+ 8	+ 1.4970	148	−50
	E7	−27.9008	146	+ 2	− 0.1145	150	− 5
	19e	−26.5331	143	+29	+12.6716	119	+26
	A5	−20.0055	129	+70	+22.7438	93	+ 8
	A2	−21.3106	133	+64	+12.4535	118	−32
	A4	−20.4735	132	−15	+ 4.4400	141	+18
	A6	−19.6000	130	0	+ 1.4990	145	−54
	A1	−23.1632	140	+22	−14.4188	180	−12
	A7	−17.0790	130	+20	−14.1573	178	+ 5
	20c	−17.6723	128	+16	+ 6.4740	138	−20
	22l	−14.5609	120	+ 1	+16.5331	110	+40
	21k	−16.5742	124	− 2	+18.1943	108	+27
	A10	− 8.6571	112	+ 2	− 0.5506	146	+22
	A8	−11.8506	120	−80	− 4.2861	153	0
	A9	−11.3147	119	−32	− 4.6533	154	− 7
	A11	− 5.7192	110	+32	−10.0490	169	−30
	23d	−10.3726	119	0	−19.7968	196	−10
	A13	+ 0.2654	100	+19	−16.7825	189	− 9
	A22	+ 5.1318	91	+ 2	−21.8001	195	−10
	η	+ 6.1466	88	+ 8	− 9.8420	156	−27
	24p	+ 4.2232	91	+ 8	− 9.1612	165	− 2
	A15	+ 3.1504	94	+28	− 8.4118	164	−19
	A18	+ 3.8108	91	− 9	− 7.7322	163	− 1
	E33	+ 1.5267	93	0	+ 0.8843	141	− 1
	A24	+ 6.1452	84	+ 3	+ 1.6550	140	−52
	A12	− 1.1237	96	−19	+16.1352	108	+39
	A20	+ 4.7025	86	−12	+20.4670	91	+18
	A21	+ 5.2822	83	−21	+21.8128	84	+18
	A27	+16.6301	64	−22	+ 3.6322	134	−21
	A29	+20.5516	58	−11	+ 5.3668	130	+ 1
	27f	+30.2012	42	− 1	−12.8509	165	− 7
	28h	+30.4910	42	+18	− 7.6179	157	−12
	A33	+33.9275	32	+32	− 0.6200	138	− 6
	A32	+32.8267	33	+41	+ 7.7273	123	−10
	A31	+31.6361	37	+ 1	+ 8.6641	121	− 2

Platte	Stern	A	$A'-A$	$\Delta_1 A$	D	$D'-D$	$\Delta_1 D$
II	A8	— 33.8303	+ 169	— 80	+ 3.0943	+ 166	0
	A9	— 33.2955	167	— 32	+ 2.7256	167	— 7
	A10	— 30.6266	161	+ 2	+ 6.8212	154	+ 22
	A11	— 27.7142	159	+ 32	— 2.6857	179	— 30
	A13	— 21.7499	149	+ 19	— 9.4351	188	— 9
	A14	— 20.2782	149	+ 30	— 22.8556	226	+ 38
	A17	— 18.4890	148	— 21	— 26.2926	236	+ 38
	A19	— 17.6806	146	+ 8	— 21.4494	221	— 8
	A22	— 16.8946	143	+ 2	— 14.4659	204	— 10
	A15	— 18.8399	143	+ 28	— 1.0723	171	— 19
	A18	— 18.1774	142	— 9	— 0.3943	170	— 1
	24p	— 17.7690	140	+ 8	— 1.8244	173	— 2
	η	— 15.8473	137	+ 8	— 2.5104	173	— 27
	E33	— 20.4382	144	0	+ 8.2285	147	— 1
	A[illegible]4	[illegible] 15.01[illegible]6	134	[illegible] 3	[illegible] 0.9060	143	[illegible]
	A12	— 23.0474	143	— 19	+ 23 4869	111	+ 39
	A27	— 5.3273	115	— 22	+ 10.9351	142	— 21
	A29	— 1.4013	109	— 11	+ 12.6591	127	+ 1
	26s	+ 5.2003	104	+ 2	— 17.9048	202	+ 18
	A30	+ 8.8720	96	— 38	— 16.0292	196	0
	27f	+ 8.1982	96	— 1	— 5.5842	170	— 7
	28h	+ 8.5032	93	+ 18	— 0.3523	155	— 12
	A33	+ 11.9574	86	+ 32	+ 6.6360	136	— 6
	A32	+ 10.8791	84	+ 11	+ 14.9860	115	— 10
	A31	+ 9.6914	86	+ 1	+ 15.9260	113	— 2
	A37	+ 19.1971	70	— 1	+ 13.0586	116	— 12
	A35	+ 16.7522	76	— 18	+ 6.4935	134	+ 61
	A36	+ 18.8457	73	+ 12	+ 4.8090	138	+ 2
	A38	+ 19 8566	77	— 42	— 18.3187	196	+ 20
	A40	+ 32.7710	51	0	— 11.1038	172	— 42
	A39	+ 26.5809	54	+ 17	+ 22.2840	90	+ 30
III	E28	— 28.8211	+ 171	0	— 8.7045	+ 208	— 3
	23d	— 32.3942	170	0	+ 11.6254	155	— 10
	A11	— 27.7147	157	+ 32	+ 21.3606	122	— 30
	A15	— 18.8403	138	+ 28	+ 22.9740	113	— 19
	A18	— 18.1778	137	9	+ 23 6521	113	— 1
	24p	— 17.7693	137	+ 8	+ 22.2220	114	— 2
	η	— 15 8476	135	+ 8	+ 21.5360	116	— 27
	A13	— 21.7502	149	+ 19	+ 14.6110	137	— 9
	A22	— 16.8945	140	+ 2	+ 9.5803	149	— 10
	A19	— 17.6802	146	+ 8	+ 2.5970	168	— 8
	A14	— 20.2778	152	+ 30	+ 1.1908	175	+ 38
	A17	— 18.4884	148	— 21	— 2.2460	184	+ 38
	A23	— 16.2391	145	+ 6	— 5.2398	189	+ 19
	A25	— 13.8439	135	+ 4	— 9.5508	198	+ 60
	A26	— 12.5133	134	+ 120	— 13.6933	209	+ 114
	A28	— 3.1969	124	— 27	— 21.2798	224	+ 4
	26s	+ 5.2002	102	+ 2	+ 6.1415	144	+ 18
	A30	+ 8.8720	96	— 38	+ 8.0171	135	0
	27f	+ 8.1983	94	— 1	+ 18.4620	108	— 7

Platte	Stern	A	$A'-A$	$\Delta_1 A$	D	$D'-D$	$\Delta_1 D$
III	28h	+ 8.5024	+ 90	+ 18	+ 23.6941	+ 94	− 12
	A36	+ 18.8462	77	+ 12	+ 28.8557	72	+ 2
	A38	+ 19.8563	83	− 42	+ 5.7277	135	+ 20
	A34	+ 16.4679	90	+ 17	− 2.8864	161	+ 30
	A40	+ 32.7710	63	0	+ 12.9424	106	− 42
IV	E4	− 31.9296	+ 200	− 4	− 15.9827	+ 292	− 5
	16g	− 26.5417	191	+ 8	− 22.5703	305	− 50
	19e	− 20.8113	173	+ 29	− 11.3914	268	+ 26
	18m	− 21.5786	159	− 3	+ 11.9415	214	− 9
	E11	− 18.9743	151	+ 2	+ 17.1413	185	+ 2
	E12	− 18.1821	150	+ 1	+ 14.8945	190	+ 5
	E16	− 13.9197	142	− 5	+ 16.1803	182	− 5
	A5	− 14.2907	154	+ 70	− 1.3149	233	+ 8
	21k	− 10.8563	148	− 2	− 5.8617	240	+ 27
	22l	− 8.8418	145	+ 1	− 7.5214	244	+ 40
	A2	− 15.5886	162	+ 64	− 11.6061	262	− 32
	20c	− 11.9464	158	+ 16	− 17.5853	286	− 20
	A4	− 14.7462	165	− 15	− 19.6190	284	+ 18
	A6	− 13.8707	163	0	− 22.5594	338	− 54
	E33	+ 7.2569	120	0	− 23.1589	266	− 1
	A24	+ 11.8748	108	+ 3	− 22.3850	265	− 52
	A12	+ 4.5954	116	− 19	− 7.9098	229	+ 39
	A20	+ 10.4173	100	− 12	− 3.5750	213	+ 18
	A12	+ 10.9950	97	− 21	+ 0.7723	199	+ 18
	E31	+ 5.4245	102	+ 3	+ 10.9013	175	+ 2
	E48	+ 20.3315	62	− 57	+ 21.5835	132	+ 3
	A27	+ 22.3586	84	− 22	− 20.4003	247	− 21
	A29	+ 26.2849	74	− 11	− 18.6627	238	+ 1
V	17b	− 31.2074	+ 249	− 23	− 9.5493	+ 264	− 19
	16g	− 32.2767	239	+ 3	+ 1.4972	230	− 46
	E7	− 27.9055	231	+ 44	− 0.1145	231	− 32
	19e	− 26.5375	220	+ 29	+ 12.6737	186	+ 26
	A6	− 19.6033	207	+ 2	+ 1.4992	213	− 32
	A1	− 23.1671	232	+ 12	− 14.4212	270	− 10
	20c	− 17.6753	197	+ 26	+ 6.4751	194	− 15
	A7	− 17.0818	216	+ 14	− 14.1597	261	+ 3
	21k	− 16.5770	185	+ 2	+ 18.1973	153	+ 16
	22l	− 14.5633	181	− 10	+ 16.5359	155	+ 36
	A8	− 11.8526	192	− 64	− 4.2868	222	+ 4
	A9	− 11.3166	191	− 26	− 4.6541	222	+ 2
	23d	− 10.3743	204	− 8	− 19.8001	269	− 13
	A13	+ 0.2654	174	+ 18	− 16.7853	244	− 1
	24p	+ 4.2239	156	+ 11	− 9.1627	212	− 15
	η	+ 6.1476	156	+ 13	− 9.8436	214	− 35
	27f	+ 20.2062	88	+ 3	− 12.8530	189	− 6
	28h	+ 30.4961	83	+ 19	− 7.6192	171	26
VI	A27	− 5.3282	+ 181	− 5	+ 10.9369	+ 182	− 28
	A29	− 1.4015	168	− 4	+ 12.6612	170	+ 7
	26s	+ 5.2012	187	+ 4	− 17.9078	266	+ 18
	28h	+ 8.5046	170	+ 19	− 0.3524	196	− 26

Platte	Stern	A	$A'-A$	$\Delta_1 A$	D	$D'-D$	$\Delta_1 D$
VI	A33	+ 11.9594	+ 137	+ 32	+ 6.6371	+ 165	0
	A32	+ 10.8812	131	+ 35	+ 14.9885	139	− 1
	A35	+ 16.7550	122	2	+ 6.4946	158	+ 30
	A36	+ 18.8488	117	+ 10	+ 4.8098	160	− 29
	A37	+ 19.2003	107	− 16	+ 13.0608	130	− 12
	A39	+ 26.5853	74	+ 3	+ 22.2877	86	+ 22
	A38	+ 19.8599	143	20	− 18.3218	240	+ 20
VII	24p	− 17.7723	− 20	+ 11	+ 22.2257	+ 222	− 15
	A22	16.8973	23	− 5	+ 9.5819	261	− 9
	A19	− 17.6832	30	+ 14	+ 2.5974	279	− 6
	A14	− 20.2812	25	+ 32	+ 1.1910	282	+ 53
	A17	− 18.4915	30	22	− 2.2464	294	+ 42
	A23	− 16.2418	37	+ 7	− 5.2407	303	+ 22
	E28	− 28.8259	13	− 8	− 8.7059	225	+ 22
	A25	− 13.8462	45	+ 16	− 9.5524	318	+ 70
	A26	− 12.5154	51	+ 114	− 13.6956	331	+ 118
	A28	− 3.1974	75	30	− 21.2834	363	− 31
	26s	+ 5.2011	78	+ 4	+ 6.1425	285	+ 18
	28h	+ 8.5038	78	+ 19	+ 23.6981	236	− 26
	A34	+ 16.4706	110	− 28	− 2.8869	325	+ 2
	A38	+ 19.8594	113	− 20	+ 5.7287	298	+ 20
	A40	+ 32.7765	137	− 16	+ 12.9446	286	− 36
VIII	E4	31.9349	+ 2	+ 4	15.9854	+ 318	+ 26
	A4	− 14.7487	− 37	0	− 19.6223	336	+ 16
	21k	− 10.8581	39	+ 2	− 5.8627	297	+ 16
	22l	− 8.8433	45	− 10	− 7.5227	305	+ 36
	A5	− 14.2931	31	+ 76	− 1.3151	284	− 4
	18m	− 21.5822	11	− 13	+ 11.9435	243	+ 5
	E11	− 18.9775	14	+ 36	+ 17.1442	228	+ 54
	E12	− 18.1851	15	− 11	+ 14.8970	237	− 38
	E16	− 13.9220	26	− 105	+ 16.1830	234	− 2
	E31	+ 5.4254	69	+ 4	+ 10.9031	256	+ 28
	A12	+ 4.5962	74	− 27	− 7.9111	312	+ 37
	A20	+ 10.4190	85	0	− 3.5756	300	+ 12
	A21	+ 10.9968	85	− 14	+ 0.7722	288	0
	E48	+ 20.3349	99	− 56	+ 21.5871	234	+ 9
	A27	+ 22.3623	118	− 5	20.4037	356	− 28
	A29	+ 26.2893	125	− 4	− 18.6658	354	+ 7

Platte I α.

Stern	1/2 Min.		2 Min.		10 Min.		ΔA			$B-R$		
	m	m'	m	m'	m	m'	1/2	2	10	1/2	2	10
17b	+ 1	+ 4	− 1	+ 3	+ 1	+ 3	− 0.8	+ 3.3	− 2.3	+ 1	− 1	0
16g	− 1	− 2	+ 1	+ 2	− 2	0	− 0.4	+ 2.2	+ 0.1	− 1	+ 2	0
E7			+ 7	+ 5	+ 3	+ 2		+ 6.2	+ 3.0		+ 2	− 1
19e	+ 4	+ 3	0	+ 2	− 1	− 1	+ 4.9	+ 2.5	+ 1.3	+ 2	0	− 1
A5					− 4	− 2			+ 1.8			− 5
A2			+ 3	− 1	− 1	− 4		+ 6.4	+ 3.7		+ 1	− 2

Stern	½ Min.		2 Min.		10 Min.		Δ A			B − R		
	m	m'	m	m'	m	m'	½	2	10	½	2	10
A4	+2	−3	+1	+1	+1	−1	−1.7	−0.5	−1.0	−2	0	−1
A6					+2	−2			+0.6			+2
A1			+2	0	+1	0		+1.5	+0.9		0	−1
A7			0	−2	+4	+1		−0.2	+3.2		−1	+2
20c	−2	+2	−2	−2	+1	−1	+1.8	−0.4	+2.1	+2	0	+2
22l	0	−1	0	0	+1	0	1.9	1.1	+0.2	0	0	+2
21k	−1	+1	+4	+4	0	+1	−2.2	+2.2	0.3	3	+2	1
A10			+2	0	−4	−4		+1.2	−3.5		+2	−2
A 8			+4	+2	+3	+2		−5.0	−5.3		+2	+1
A 9			+3	+1	+1	0		−1.2	−2.5		+1	0
A11					0	−2			+1.8			−2
23d	−1	0	+3	+3	+4	+5	−0.4	+1.6	+2.6	0	+2	+3
A13			+1	−1	−2	0		+1.5	+0.2		0	−2
A22	+1	−3	+1	0	−1	−1	+1.0	+0.9	−1.1	+1	+1	1
η	−4	+1	+2	+2	+4	−1	−0.1	+2.4	+1.9	−2	+1	0
24p	−1	+3	−1	0	0	−1	+2.2	−0.1	−0.2	+1	−1	−1
A15			−1	−4	+1	−3		−0.1	+1.5		−2	0
A18			0	+1	+2	+3		−0.8	+1.3		0	+2
E33					−1	−6			−3.6			−2
A24	+1	0	−1	−2	−2	−2	+0.7	−1.7	−1.9	+2	0	0
A12	−4	−3	−1	+1	0	−2	−6.0	−2.2	−2.3	−3	0	0
A20			+2	+3	−2	−1		+1.5	−1.3		+1	−2
A21			−1	−7	+2	+1		−5.3	+1.4		−4	+3
A27			+5	+2	+1	−1		+0.6	−2.4		+1	−2
A29	+4	0	0	+2	+2	+1	+0.7	−0.5	+0.4	+1	0	+1
27f	−5	−1	−4	+1	+1	+1	−0.7	−0.4	+2.0	0	0	+2
28h	−7	+1	−3	−1	−2	−3	−0.4	−0.2	−0.6	−2	−2	−2
A33			−1	+1	+2	+1		+2.9	+4.7		−1	+1
A32	+5	+4	−2	+2	−2	0	+9.1	+4.5	+4.0	+6	+1	+1
A31			−3	−1	−3	0		−1.1	0.0		−1	0

Platte I δ.

Stern	½ Min.		2 Min.		10 Min.		Δ D			B − R		
	n	n'	n	n'	n	n'	½	2	10	½	2	10
17b	0	+5	−4	−1	−1	0	−1.4	−3.3	−0.9	−1	−3	0
16g	−1	+5	−1	+5	−2	+2	−5.1	−1.9	−3.5	+1	+2	+1
E7			−9	−4	−3	−1		−5.9	−1.3		−2	+2
19e	−2	+1	−2	+1	−1	0	+0.2	+2.9	+3.1	−2	+1	+1
A5					+8	−5			−0.7			0
A2			0	−3	−1	−2		−3.4	−3.5		0	0
A4	−1	+2	−1	−2	0	−1	+1.2	+1.4	+2.5	0	0	+1
A6					+10	+1			+1.2			+4
A1			−2	−2	−2	−1		−2.0	−1.3		−1	0
A7			−3	−1	−3	−1		−0.7	−0.7		+1	+1
20c	−1	+1	−3	−2	−2	0	−2.7	−3.3	−1.7	−1	−2	0
22l	+2	−1	+2	+4	−4	−2	+3.0	+7.3	+1.3	0	+4	−2
21k	+5	+6	−1	+3	−2	+2	+6.1	+3.4	+2.5	+3	0	0
A10			−2	−3	+3	−1		+0.2	+3.6		−1	+2

Stern	½ Min. n	½ Min. n'	2 Min. n	2 Min. n'	10 Min. n	10 Min. n'	ΔD ½	ΔD 2	ΔD 10	$B-R$ ½	$B-R$ 2	$B-R$ 10
A 8			+2	−2	+3	+4		+0.2	+3.7		0	+3
A 9			+2	−2	−1	−1		−0.5	−1.5		0	−1
A11					+2	−1			−3.1			−1
23d	0	0	−1	+2	−1	+2	−0.2	+1.7	+1.6	0	+2	+2
A13			+6	−2	+3	−2		+1.7	−0.2		+2	0
A22	−2	−6	−1	−5	−4	−6	2.2	−1.2	−3.6	−2	−1	−3
η	−1	+1	0	0	+3	+2	−3.2	−3.1	−1.2	0	0	+2
24p	−3	−5	−1	0	+1	0	−4.8	−1.1	−0.6	−4	0	0
A15			−1	−3	0	−4		−4.3	−4.7		3	−3
A18			−2	−6	−2	3		−4 5	−3.4		−3	−2
E33					0	3			−1.5			+2
A24	+1	−3	+3	+4	+3	+2	−5.7	−1.1	−2.7	2	+2	+1
A12	+2	−2	−4	−2	−2	−1	+3.8	+1.3	+2.5	+1	−2	−1
A20			−1	0	0	0		−0.1	0.0		−1	−1
A21			+10	+3	+8	+4		+4.1	+3.1		+4	+3
A27			0	−5	−1	3		−4.0	−4.3		−2	−2
A29	+2	−3	−1	−2	+4	0	+1.3	−0.9	+1.8	0	−2	+1
27f	−1	0	−1	+3	0	−1	+1.1	+0.7	−1.9	+2	+2	−1
28h	−2	+1	−3	+2	0	+3	0.0	−1.9	−1.0	+1	−1	0
A33			+7	+6	0	+7		+5.8	+1.7		+6	+2
A32	+1	0	−3	+2	+3	+5	+1.6	−1.6	+1.8	+2	−1	+2
A31			−5	−2	0	0		−3.8	−1.4		−2	−1

Platte II α.

Stern	½ Min. m	½ Min. m'	2 Min. m	2 Min. m'	10 Min. m	10 Min. m'	ΔA ½	ΔA 2	ΔA 10	$B-R$ ½	$B-R$ 2	$B-R$ 10
A 8			−1	−2	+2	+3		−10.5	−5.1		−4	+2
A 9			+1	0	0	0		−3.7	−2.9		−1	0
A10	+5	+5	+2	−5	−2	−1	+2.8	−2.8	−0.9	+4	−2	0
A11					+1	+2						+1
A13			+5	−1	+2	+3		+3.1	+3.2		+1	+1
A14					+6	+2						+2
A17	+1	0	+1	+1			−0.4	−0.5		+2	+2	
A19	+1	+2	+1	2	+1	+3	+1.9	+0.5	+0.7	+1	0	0
A22	−2	−5	−1	0	−1	0	−3.5	−0.6	−1.7	−3	0	−1
A15			+8	0	0	−1		+5.6	+1.7		+4	0
A18			−1	4	0	+1		−4.8	−1.0		−4	0
24p	+1	+2	−1	+2	+1	0	+0.6	+0.1	+0.7	0	−1	0
η	+1	+5	+1	+3	+3	+1	+2.2	+1.6	+2.1	0	0	0
E33					2	5						−1
A24	+3	+1	−3	+2	−1	+1	−0.6	−2.2	+0.6	+1	−1	+2
A12	+2	+1	+2	+4	−4	+2	−4.9	−1.8	−1.4	−2	+1	+1
A27			+6	+5	−2	+3		+2.1	−0.3		+2	0
A29	+6	+5	+5	+5	+1	+2	+2.2	+2.7	+2.0	+3	+3	+3
26s	−3	5	−4	−2	−2	+1	−2.2	−1.5	−0.7	−2	−1	−1
A30					+2	+2			−1.3			+3
27f	+1	+2	−4	+1	−1	−1	+1.9	−0.8	−0.3	+2	0	0

Stern	1/2 Min.		2 Min.		10 Min.		Δ A			B — R		
	m	m′	m	m′	m	m′	1/2	2	10	1/2	2	10
28h	+1	+3	−1	+1	−1	0	+3.7	+2.2	+.27	+2	0	+1
A33			0	−1	−3	−3		+2.9	+2.3		−1	−1
A32	+1	−2	2	0	−6	−4	+1.9	+2.7	+1.7	−1	−1	−2
A31			0	+1	−2	0		0.0	+1.7		0	+2
A37	+2	0	−1	−3	−5	−4	−0.4	−2.2	−1.9	+2	0	+1
A35					+4	−6			−0.2			+2
A36					+2	−2			+3.7			+1
A38	5	−1	+1	+2	+2	+5	−4.9	−0.7	−0.5	−3	+2	+2
A40	+1	−4	−3	−3	−1	−2	−0.6	−2.0	−1.3	0	−1	−1
A39	0	+3	+3	0	−4	−5	+0.7	+2.3	+0.5	−1	0	−2

Platte II δ.

Stern	1/2 Min.		2 Min.		10 Min.		Δ D			B — R		
	n	n′	n	n′	n	n′	1/2	2	10	1/2	2	10
A 8			+2	0	−4	−6		−0.6	−2.0		−1	−2
A 9			+7	+1	−2	−4		+1.7	−0.8		+2	−1
A10	+10	+7	+2	−3	−5	−8	+7.5	+0.1	−1.8	+6	−1	−3
A11					−1	−7			−4.6			−2
A13			+6	+1	0	−4		+1.8	−0.9		+2	−1
A14					−4	−4			+3.3			−3
A17	−2	0	−4	−4			+3.8	+1.6		−1	−3	
A19	−1	−1	0	+1	+1	−2	−2.2	+0.1	+1.4	−2	+1	+2
A22	+1	−3	+3	+3	−2	−2	−3.2	+1.5	−1.2	−3	+2	−1
A15			+4	0	+1	0		−0.8	+0 2		0	+2
A18			+1	−5	0	0		−3.0	+1.3		−2	+3
24p	+3	+3	0	+3	−3	−2	+1.1	+0.5	−1.3	+2	+1	−1
η	−1	+4	−2	+4	+2	−2	−1.7	−2 5	−1.5	+2	+1	+2
E33					−4	−11			−6.0			−2
A24	0	−3	+3	+2	+2	+2	−8.2	−3.5	−2.0	+5	0	+1
A12	+8	+10	+3	+2	−1	0	+8.5	+3.1	+3.2	+5	0	0
A27			+1	−1	+2	+1		−2.3	−0.3		0	+2
A29	+5	−3	+2	+2	−1	0	+1.0	+1.9	−0.6	0	+1	−1
26s	−1	−2	+2	0	−2	−1	+1.2	+3.4	−0.1	0	+2	−2
A30					0	0			−1.0			0
27f	−5	+2	0	+2	−1	+2	−1.5	+0.5	−1.5	−1	+1	−1
28h	−5	+2	0	+2	+1	+4	−1.9	+0.2	+0.1	−1	+2	+1
A33			−5	−8	0	+2		−6.5	−1.0		−6	−1
A32	−3	+3	−2	+3	0	+3	−0.8	−0.3	−1.3	0	0	−1
A31			+3	+4	+1	+2		+3.4	−0.3		+4	0
A37	−2	−1	−1	+3	−1	+3	−1.2	+0.3	−2.8	+1	+2	−1
A35					+1	−3			+3.1			0
A36					+1	−1			−2.0			+1
A38	+2	0	−5	−3	+1	−3	+5.9	−0.2	−0.4	+5	−1	−1
A40	−6	−7	−4	−1	+2	+7	−6.9	−4.6	−2.7	−3	−1	+1
A39	−1	−2	−4	0	+3	+10	+2.0	0.0	+4.4	−1	−3	+1

Platte IIIα.

Stern	$^1/_2$ Min.		2 Min.		10 Min.		ΔA			$B-R$		
	m	m'	m	m'	m	m'	$^1/_2$	2	10	$^1/_2$	2	10
E28			+1	−3	+2	+4		−2.0	+0.4		−2	+1
23d	−2	+1	−1	−1	0	−1	−2.8	−3.2	−3.2	−2	−2	−2
A11					+3	1			+3.7			0
A15			+1	−3	−1	2		+2.9	+1.5		0	0
A18			+5	+4	−3	−3		+3.8	−3.6		+5	−3
24p	+3	+2	+3	+2	0	0	+4.0	+3.5	+1.0	+3	+2	0
η	−6	−2	−1	0	+1	0	−2.6	+0.4	+1.3	−4	−1	0
A13			+1	−3	+2	0		+0.5	+2.1		−1	0
A22	+3	−1	+1	+1	−1	0	+0.6	+0.9	−1.3	+1	+1	−1
A19	+5	+1	+4	+1	+1	+2	+2.6	+2.9	+0.9	+2	+2	0
A14					+2	−4			+1.1			−3
A17	−1	−2	0	−1	+2	+2	−5.1	−3.0	1.7	−3	−1	+1
A23	0	−1	+1	+1	+1	+2	1.2	+1.6	+0.7	−1	+2	+1
A25			+1	0	+2	+3		+1.4	+1.7		−1	−1
A26			0	−2	0	0		+11.8	+11.0		+1	0
A28	−2	+3	−4	+1	2	+3	−3.3	−2.8	−3.0	+1	+2	+1
26s	0	−2	0	+3	+3	+4	−0.6	+2.5	+3.6	0	+3	+4
A30			−1	−5	+1	−5		−6.0	−5.8		−2	−1
27f	−2	+1	0	0	−1	+1	−0.1	+0.1	−0.1	0	0	0
28h	0	0	+1	+2	+2	+3	+2.3	+3.3	+4.2	0	+1	+2
A36					0	−4			−1.6			−3
A38	+6	+2	0	2	+1	0	+0.9	3.6	−2.9	+3	−1	−1
A34	−1	1	−2	0	−2	0	−3.2	−2.0	−3.3	−1	0	−1
A40	+1	−2	−7	−5	−6	−3	+2.0	−3.3	−2.4	+3	−3	−2

Platte IIIδ.

Stern	$^1/_2$ Min.		2 Min.		10 Min.		ΔD			$B-R$		
	n	n'	n	n'	n	n'	$^1/_2$	2	10	$^1/_2$	2	10
E28			+2	+1	+3	+3		+ 1.2	+ 2.8		0	+2
23d	−3	+4	−2	+2	−4	+3	−1.4	+ 0.4	+ 0.1	−1	+1	0
A11					+7	0			+ 0.7			+3
A15			+10	+7	+1	0		+ 5.2	− 2.6		+6	−1
A18			+6	−1	+5	−1		+ 0.6	+ 0.3		+2	+2
24p	+4	+2	−2	−2	−2	−1	+0.2	− 3.6	− 2.9	+1	−3	−2
η	+3	+6	−8	−4	−4	−2	−0.7	−10.1	− 6.8	+3	−7	−3
A13			0	−1	0	−2		− 1.0	− 1.3		−1	−1
A22	+4	−2	+1	0	+2	+2	−1.4	0.0	+ 1.8	−1	0	+2
A19	+2	+1	−2	+1	−5	−2	0.0	− 0.7	− 3.5	+1	0	−3
A14					+3	+2			+ 7.3			+1
A17	−2	+1	−1	+1	+5	+6	+2.7	+ 4.4	+10.1	−2	0	+5
A23	+2	−5	+1	−1	0	+1	−0.2	+ 2.4	+ 3.2	−2	0	+1
A25			+3	0	−2	−1		+ 8.3	+ 5.7		+2	−1
A26			+3	0	−2	−5		+14.2	+ 9.5		+4	0
A28	+1	−1	−10	−4	−11	−9	+3.4	− 3.4	− 6.0	+4	−2	−5
26s	−2	−2	+3	−2	−1	−1	+0.6	+ 2.7	+ 1.8	−1	+1	0

Stern	1/2 Min.		2 Min.		10 Min.		Δ D			B − R		
	n	n'	n	n'	n	n'	1/2	2	10	1/2	2	10
A30			0	−5	0	−1		−2.1	+0.5		−1	+1
27f	−4	0	+1	+4	0	+2	−3.1	+0.8	−0.1	−2	+2	+1
28h	6	−2	−1	+1	−1	+2	−7.0	−3.6	−2.5	−6	−2	−1
A36					+1	−3			−3.8			−1
A38	−1	−1	−2	0	−1	+2	+3.4	+1.9	+4.1	+3	+1	+4
A34	−1	0	+2	+1	0	+1	−0.3	+0.5	+0.2	−1	0	0
A40	0	−1	−1	0	−3	−2	−0.6	−2.9	−4.1	+1	+1	0

Platte IVα.

Stern	1/2 Min.		2 Min.		10 Min.		Δ A			B − R		
	m	m'	m	m'	m	m'	1/2	2	10	1/2	2	10
E4			+7	+8	+3	+2		+2.5	−2.3		+1	−4
16g	+3	+7	0	+4	+4	+6	+2.0	−2.4	+0.7	+2	−3	0
19e	−3	0	0	+1	+1	0	+2.1	+3.0	+3.5	1	0	+1
18m	+1	−5	−2	+2	−1	+1	+1.1	−2.1	−1.6	+3	−1	0
E11					+6	+6			+3.8			−1
E12					+3	−2			−1.6			+2
E16					−11	−7			−11.0			−2
A5					+7	+4			+13.5			+7
21k	−1	0	−1	+1	0	0	+0.4	+0.2	+0.5	0	0	0
22l	−1	−1	−2	−2	−3	−1	+0.3	−1.5	−1.2	+2	0	0
A2			+4	−6	+1	−2		+6.4	+6.7		+1	+1
20c	−2	+1	+3	+4	+1	+4	+2.0	+5.1	+4.1	0	+3	+2
A4	+3	−1	+1	+1	+4	+3	−0.1	−1.0	+1.6	0	−1	+2
A6					+4	−2			−0.2			+1
E33					0	−3			+0.2			+2
A24	−1	−3	−4	0	−2	−1	−1.1	−2.5	−1.9	0	−1	0
A12	−1	−2	0	−1	+1	+2	−3.3	−2.9	−0.7	−1	0	+2
A20	−5	−9	+4	+3	+2	+1		+0.8	−0.9		0	−2
A21			+6	+3	+1	0		+0.6	−3.0		+2	−2
E31			+7	+1	−1	0		+2.7	−1.3		+2	−2
E48	−3	0	−4	+1	−2	0	−6.1	−6.1	−4.9	0	0	+2
A27			−1	−1	−5	−5		+0.6	−3.4		+1	−3
A29	−8	−3	−9	−6	−10	−6	−1.4	−4.4	−4.7	−1	−4	−4

Platte IVδ.

Stern	1/2 Min.		2 Min.		10 Min.		Δ D			B−R		
	n	n'	n	n'	n	n'	1/2	2	10	1/2	2	10
E4			+6	0	+3	0		+2.5	+1.8		0	−1
16g	+1	+1	−2	−1	−6	−7	−2.9	−4.7	−9.1	+1	0	−5
19e	−1	+2	+1	+1	+1	+2	+1.8	+2.8	+3.5	0	+1	+1
18m	−1	−1	+4	+1	+4	+2	−2.9	+1.0	+1.9	−4	0	+1
E11					+11	+3			+5.6			−2
E12					+1	−7			−3.3			0
E16					+6	−4			−0.7			+3

Stern	1/2 Min.		2 Min.		10 Min.		ΔD			$B-R$		
	n	n'	n	n'	n	n'	1/2	1	10	1/2	2	10
A5					+3	−3			0.0			+1
21k	−4	−4	−2	0	0	+3	−2.7	+0.5	+2.9	−6	−2	0
22l	0	−4	+4	0	+1	+4	+0.7	+4.7	+3.1	−3	+1	0
A2			+2	−1	+6	−2		−3.9	−2.2		−1	+1
20c	0	+5	−1	+3	0	+2	+0.6	−0.7	−0.8	+2	+1	+1
A4	+4	+1	−1	−4	−2	−3	+5.2	+0.5	+0.6	+4	−1	−1
A6					−4	−6			−7.6			−5
E33					−4	−9			−4.0			0
A24	0	+2	−3	−4	−1	+1	−0.4	−5.8	−3.3	+3	−2	0
A12	0	−1	+4	+1	+2	+1	+2.9	+5.3	+3.6	0	+2	0
A20	+5	+3	+2	+1	+1	+1	+5.5	+2.3	+0.9	+5	+2	0
A21			−3	−8	−1	−5		−4.2	−2.6		−4	−3
E31			+7	+1	+4	+1		+4.1	+1.9		+1	−1
E48	−3	+2	+4	+5	+5	+8	−2.5	+1.4	+2.1	−4	0	0
A27			0	−1	0	−2		−0.9	−2.7		+1	−1
A29	−4	−3	0	+3	−1	+3	−1.1	+2.5	+0.5	−2	+2	0

Platte Vα.

Stern	1/2 Min.		2 Min.		ΔA		$B-R$	
	m	m'	m	m'	1/2	2	1/2	2
17b	+5	−5	+6	+6	−1.2	−1.4	+1	+1
16g	+2	+2	+3	+3	−0.8	+0.4	0	+1
19e	−0	0	−2	−1	+1.9	+2.6	−1	0
20c	−2	+1	−1	−1	+1.4	+2.0	−1	0
21k	+1	+1	−1	−1	+2.2	+3.3	+2	+3
22l	+3	−1	−6	−7	+0.5	−3.6	+2	−1
23d	+3	+3	+5	+2	+1.0	−3.0	+2	−2
24p	0	−2	+3	+1	+0.5	+2.2	−1	+2
25η	+1	+4	+3	+4	+4.7	+4.2	+3	+2
27f	−7	−6	−6	−4	−2.4	−3.0	−2	−3
28h	−5	−7	−4	−2	+0.2	+2.2	−2	0
	2 Min.		10 Min.		2	10	2	10
16g	+3	+4	+4	+3	+2.2	+2.6	+2	+2
E7	+2	0	−3	−4	+4.0	−0.2	0	−4
A6	−4	−6	0	−4	−4.6	−1.3	−4	0
A1	+2	+5	+4	+7	+2.0	+2.8	0	+1
A7	0	−1	+2	0	−1.2	−0.2	−2	−1
A8	−2	−3	0	−1	−8.4	−6.6	−2	0
A9	−1	0	+1	−2	−3.1	3.0	0	0
21k	−2	+2	−4	0	+3.3	+2.4	+3	+2
22l	−3	−3	−4	−2	−0.9	+0.6	+1	+2
A13	+3	0	+1	−1	+2.9	+0.8	+1	−1
24p	+1	+2	−2	+2	+4.2	+2.6	+3	+2

Platte Vδ.

Stern	$^1/_2$ Min.		2 Min.		ΔD		$B-R$	
	n	n'	n	n'	$^1/_2$	2	$^1/_2$	2
17b	+5	+7	+5	+7	+3.4	+1.8	+4	+2
16g	0	−1	+2	+3	−2.3	−0.6	+2	+2
19e	−8	−7	−8	−9	+1.4	−1.0	−1	−3
20c	−7	−3	−1	−1	−3.4	+0.5	−2	+2
21k	−8	−6	−5	−5	+1.9	+2.7	−1	−1
22l	−7	−12	−9	−10	+0.9	0.0	−2	−4
23d	+3	+4	+3	+3	−3.6	−4.3	−3	−4
24p	+8	+5	+5	+6	+1.7	+1.4	+2	+2
25η	+8	+4	+6	+1	−1.4	−3.0	+2	0
27f	+2	+3	+3	+2	−5.5	−2.0	−5	−1
28h	+4	+6	−2	+3	−2.8	−4.4	−2	−3
	2 Min.		10 Min.		2	10	2	10
16g	−4	0	−6	0	−4.0	−4.0	0	0
E7	−4	−4	+1	−3	−5.6	−1.8	−2	+2
A6	+6	−1	+1	−4	+0.9	−2.8	+3	0
A1	+5	+4	+2	0	+0.4	−2.6	+2	−1
A7	0	−1	+2	0	−3.8	−2.2	−2	−1
A8	+3	+1	0	−1	+1.4	−1.2	+1	−2
A9	+3	+3	+1	−2	+2.4	−1.8	+3	−2
21k	−7	−5	−6	−5	+2.2	+3.2	−1	0
22l	−11	−10	−4	−3	−0.8	+6.0	−4	+3
A13	+4	+4	+5	+6	−2.0	−1.8	0	0
24p	+4	+10	+4	+11	+1.7	+1.2	+2	+2

Platte VIa.

Stern	2 Min.		10 Min.		ΔA		$B-R$	
	m	m'	m	m'	2	10	2	10
A27	+2	−3	+2	+5	−2.0	+2.3	−2	+2
A29	+1	+5	+1	+4	+1.6	+1.9	+2	+2
26s	−4	−6	−2	−8	−3.1	−4.2	−3	−4
28h	0	+2	+3	+2	+3.2	+4.4	+1	+2
A33	+3	+2	+2	+2	+5.8	+5.4	+2	+2
A32	−1	+3	−6	−1	+3.4	0.0	0	−3
A35			−2	−7		−4.7		−3
A36	+6	0	+2	−1	+3.9	+1.4	+2	0
A37	−2	0	−4	−3	−3.3	−5.2	−1	−3
A39	−1	+1	+3	+8	−0.2	+6.8	−2	+5
A38	−2	−4	+2	−2	−2.9	−1.3	−1	+1

Platte VIδ.

Stern	2 Min.		10 Min.		ΔD		$B-R$	
	n	n'	n	n'	2	10	2	10
A27	−3	+3	−5	+3	−0.6	−1.4	+1	+1
A29	−2	+1	−1	0	+0.8	+1.0	0	0
26s	−7	−5	−7	−5	+1.2	+1.4	0	0
28h	0	+3	−4	+1	+0.2	−2.2	+2	−1
A33	+2	−1	+1	−1	+0.2	−0.3	0	0
A32	−1	−3	+1	0	−3.8	−1.6	−3	−1
A35			+5	−1		+3.6		0
A36	+4	−1	+1	−2	−2.5	−4.9	+1	−2
A37	+1	0	0	−1	−3.1	−4.5	−1	−2
A39	+9	+7	+12	+9	+4.6	+6.6	+1	+3
A38	−4	−4	−3	−2	+1.0	+2.4	0	+2

Platte VIIα.

Stern	5 Min.		10 Min.		ΔA		$B-R$	
	m	m'	m	m'	5	10	5	10
24p	0	+2	−2	0	+1.1	−1.1	0	−2
A22	0	+1	+3	+5	−0.8	+2.6	0	+3
A19	0	−3	−4	+1	−1.0	−1.0	−2	−2
A14	+6	+4	+3	0	+6.4	+2.8	+3	−1
A17	+1	+1	+1	+2	−2.8	−2.6	0	0
A23	−3	−1	0	0	−2.2	−0.4	−2	0
E28	+1	+2	+5	+5	−0.8	+2.4	0	+3
A25	+5	+3	+1	−1	+6.0	+2.0	+4	0
A26	+1	−3	0	−4	+9.1	+8.2	−1	−2
A28	−6	−4	−7	−3	−7.4	−7.1	−3	−3
26s	−1	+1	−3	−1	+2.0	−0.2	+2	0
28h	−2	−5	+6	−7	−0.6	+2.2	−2	0
A34	−2	0	+1	+1	−1.8	+0.3	0	+2
A38	−2	0	−6	−5	−1.0	−5.0	−1	−3
A40	0	+1	+2	+4	+1.8	+4.6	+2	+5

Platte VIIδ.

Stern	5 Min.		10 Min.		ΔD		$B-R$	
	n	n'	n	n'	5	10	5	10
24p	+6	+8	+5	+6	+2.8	+0.8	+4	+2
A22	+6	+6	+1	+2	−3.7	−0.6	+4	0
A19	−1	+2	0	+1	0.0	0.0	+1	+1
A14	+5	0	+5	0	+8.5	+9.0	+2	+2
A17	0	0	0	+3	+5.4	+6.6	+1	+2
A23	−2	−3	+1	0	+0.8	+3.6	−1	+1
E28	−2	−10	−4	−4	−1.7	0.0	−3	−1
A25	−2	−3	−3	−5	+6.0	+4.4	0	−2
A26	−6	−12	−4	−10	+5.0	+7.1	−5	−3
A28	+1	+4	+4	+2	+2.8	+3.3	+4	+4

Stern	5 Min.		10 Min.		ΔD		$B-R$	
	n	n'	n	n'	5	10	5	10
26s	−1	+1	−1	0	+0.6	0.0	−1	−1
28h	+12	+10	+4	+8	+4.8	0.0	+6	+1
A34	−3	+2	−1	+1	+0.1	+0.6	0	0
A38	−12	−6	−7	−6	−8.5	−5.2	−9	−6
A40	−1	+2	0	+3	−5.4	−4.3	−2	0

Platte VIII α.

Stern	5 Min.		10 Min.		ΔA		$B-R$	
	m	m'	m	m'	5	10	5	10
E4	−1	−1	−3	−2	+5.2	+4.7	+4	+3
A4	−6	−2	−10	−5	+2.9	+0.4	+3	0
21k	−2	−4	−6	−5	−0.8	−3.0	−1	−3
22l	−9	−6	−6	−5	−5.7	−3.2	−4	−2
A5	−1	−6	0	−5	+5.0	+5.6	−2	−1
18m	+2	+2	+3	+8	−3.2	−0.5	−2	+1
E11	+8	+5	+10	+7	+4.3	+5.8	0	+1
E12	+7	+2	+2	−2	−1.6	−6.8	+1	−4
E16	+11	+10	+11	+5	−5.4	−8.8	+4	0
E31	+4	+3	+4	+4	−0.4	−0.2	−1	−1
A12	−5	−3	−4	0	−4.1	−2.0	−2	+1
A20	+2	+3	+1	+2	+3.3	+2.5	+3	+2
A21	+2	−4	+6	+5	−3.7	+2.8	−2	+4
E48	+7	+8	+2	+10	−7.4	−9.8	−1	−3
A27	−5	−2	−5	−7	+2.0	+0.4	+2	+1
A29	−13	−8	−6	−10	−4.8	−2.0	−4	−1

Platte VIII δ.

Stern	5 Min.		10 Min.		ΔD		$B-R$	
	n	n'	n	n'	5	10	5	10
E4	+3	−1	+3	+3	+1.4	+5.8	−1	+3
A4	−1	+1	−1	+1	+0.7	+1.4	−1	0
21k	+3	+10	+3	+6	+7.4	+5.8	+4	+3
22l	−4	+2	−1	+1	+2.4	+3.8	−1	0
A5	+8	−1	−5	−10	+2.4	−8.2	+4	−7
18m	−2	+2	+1	+4	−0.8	+3.0	−2	+2
E11	+7	+2	+6	+2	+8.6	+9.0	+1	+2
E12	+3	−4	+3	−1	−5.2	−2.8	−2	+1
E16	−1	−9	−3	−10	−6.0	−7.0	−2	−3
E31	−1	0	−1	−1	+3.0	+1.8	0	−1
A12	−6	−4	−2	−1	−0.7	+2.6	−4	−1
A20	−5	−3	−3	−2	−2.0	−1.2	−1	−2
A21	+2	−2	0	−1	+1.6	+0.1	+1	0
E48	−1	+4	+1	+3	+4.6	+3.2	+4	+1
A27	0	+1	0	+2	+0.3	−1.4	+2	+1
A29	−6	+2	−1	+5	−1.5	+2.6	−2	+2

Die Bedingungsgleichungen, die aus den Aufnahmen mit 2 und 10 Minuten Belichtung der ersten vier Platten folgen, wurden nach der Methode der kleinsten Quadrate behandelt. Die Ausgleichung der Aufnahmen mit der Belichtung von ½ Minute und ebenso die der letzten 4 Platten wurden wegen der geringeren Zahl der vermessenen Sterne nur nach der Methode von Cauchy durchgeführt. Hier mussten naturgemäss die Unbekannten x_3, x_4, y_3, y_4 fortfallen; die so gewonnenen Resultate besitzen infolgedessen etwas geringeres Gewicht. Auf Platte V wurden die hellen und schwachen Sterne gesondert behandelt, wie aus den obigen Tabellen ohne weiteres verständlich sein wird.

Um die Gleichungen homogen zu machen, wurden die Koeffizienten A^3, D^3, AD^2, DA^2 durch 1000 dividiert; dementsprechend ist im folgenden von x_3, x_4, y_3, y_4 der 1000fache Betrag angeführt. Zunächst werden die Grössen x, sodann ebenso die y für die ersten 4 Platten, und zwar für jede Aufnahme und Plattenlage gesondert, gegeben. In der Zeile „$^1/_2$ Minute" befindet sich unter x_1, x_3, x_4 das Mittel aus den darüberstehenden Zahlen. Mit diesen Mittelwerten wurden durchgängig alle Messungen der betr. Platte berechnet. Die Einheit ist auch hier das Mikron.

Platte	Belichtung	x_1	x_3	x_4	x_5	x_6
I	10 Min.	+0.056	−0.032	−0.480	−0.043	+0.2
		+ 4	+ 3	− 143	− 39	−0.2
	2 „	+ 30	− 58	− 390	− 1	+0.3
		+ 53	− 37	− 402	− 11	+0.3
	½ „	+ 36	− 31	− 354	+ 100	−0.6
					− 16	+0.5
II	10 „	− 110	+ 48	+ 184	− 102	−1.2
		− 40	− 8	− 53	− 63	−0.1
	2 „	− 146	+ 118	+ 100	+ 62	+0.3
		− 23	+ 66	− 156	+ 68	+0.2
	½ „	− 80	+ 56	+ 19	+ 110	+1.0
					+ 110	+0.7
III	10 „	− 22	− 102	+ 222	+ 2	+0.1
		− 59	− 19	+ 305	− 45	+0.8
	2 „	− 75	− 18	− 16	+ 53	−0.8
		− 17	− 39	− 5	+ 6	−0.6
	½ „	− 43	− 44	+ 127	− 75	+0.7
					− 10	−0.1
IV	10 „	+ 93	− 215	− 404	+ 41	+0.1
		+ 91	− 110	− 488	+ 53	+0.8
	2 „	+ 107	+ 26	− 618	+ 57	+0.4
		+ 165	− 288	− 286	+ 64	+1.0
	½ „	+ 114	− 146	− 449	+ 95	+0.9
					+ 79	+0.9

Platte	Belichtung	y_1	y_3	y_4	y_5	y_6
I	10 Min.	−0.270	+0.805	+0 244	+0.039	−0.2
		− 64	+ 343	+ 52	+ 41	0.0
	2 „	− 288	+ 862	+ 222	+ 16	−0.6
		+ 77	+ 73	− 44	+ 212	−0.1
	1/2 „	− 136	+ 521	+ 118	− 014	+0.1
					− 116	+0.1
II	10 „	− 12	+ 116	− 6	+ 57	−0.1
		+ 12	+ 183	− 24	+ 144	+0.8
	2 „	− 47	+ 105	+ 198	− 90	−0.2
		− 44	+ 188	+ 86	+ 2	+0.3
	1/2 „	− 23	+ 148	+ 64	− 105	−0.3
					− 86	+0.3
III	10 „	+ 97	+ 164	− 282	− 15	−1.6
		+ 229	− 188	− 274	− 16	−0.7
	2 „	− 153	+ 573	− 16	0	−0.6
		− 70	+ 246	+ 93	− 5	−0.8
	1/2 „	+ 26	+ 200	− 120	+ 94	−0.9
					− 54	−0.5
IV	10 „	− 139	+ 445	+ 247	+ 6	+1.3
		− 153	+ 492	+ 221	+ 60	+1.0
	2 „	− 48	+ 428	− 32	− 12	+1.2
		− 82	+ 635	− 247	0	+0.1
	1/2 „	− 106	+ 500	+ 47	− 33	+0.1
					− 56	+0.5

Die nächste Uebersicht gibt die Konstanten für die Platten V bis VIII; nach dem oben Gesagten bedarf sie keiner weiteren Erklärung. Auch hier wurden alle Berechnungen mit den Mittelwerten von x_1 und y_1 durchgeführt.

Platte	Belichtung	x_1	x_5	y_1	y_5
V	10 Min.	−0.102	−0.214	−0.237	+0.086
	schw. Sterne	− 083	− 187	− 129	+ 255
	2 Min.	− 147	− 096	− 393	+ 047
	schw. Sterne	− 118	− 159	− 348	+ 127
	2 Min.	− 128	− 273	− 334	+ 011
	helle Sterne	− 081	− 221	− 362	− 002
	1/2 Min.	− 161	− 133	− 374	+ 087
	helle Sterne	− 166	− 156	− 448	+ 018
	Mittel	− 110		− 328	
VI	10 Min.	+ 004	+ 066	+ 276	+ 324
		− 114	+ 118	+ 152	+ 025
	2 Min.	+ 080	+ 012	+ 178	+ 306
		− 031	+ 172	+ 146	+ 013
	Mittel	− 016		+ 188	

Platte	Belichtung	x_1	x_6	y'_1	y_5
VII	10 Min.	− 0,063	+ 0,043	+ 0,053	− 0,014
		− 088	− 005	+ 144	+ 048
	5 Min.	− 105	− 002	+ 166	− 065
		− 067	+ 014	+ 256	+ 074
	Mittel	− 081		+ 154	
VIII	10 Min.	+ 036	+ 391	+ 060	− 047
		+ 073	+ 408	− 045	+ 039
	5 Min.	− 020	+ 420	+ 061	− 136
		+ 018	+ 282	− 078	− 030
	Mittel	+ 026		000	

Die Schichtverziehung ergibt sich bei den einzelnen Platten ziemlich verschieden; im Durchschnitt liefern die δ-Koordinaten eine um $^1/_{10000}$ grössere Brennweite, das würde heissen, dass die Schicht sich in der Längsrichtung der Platten etwas stärker zusammenzieht. Inwieweit die Verschiedenheit in beiden Richtungen auf die weiter oben erwähnte Krümmung der Platten zurückzuführen ist, war nicht festzustellen. Obwohl die fraglichen Beträge nicht gross sind, so sind sie doch gut verbürgt; das beweisst der gute Anschluss der übereinander greifenden Platten, sowie die Kleinheit der übrigbleibenden Widersprüche.

In den nächsten 2 Tabellen sind die aus den 8 Platten ermittelten Verbesserungen des vorläufigen Kataloges übersichtlich zusammengestellt. Bei der Bildung der Plattenmittel für die Platten I bis IV wurde der Aufnahme mit 30 Sek. Belichtungszeit aus Gründen, die weiter oben erörtert worden sind, nur halbes Gewicht erteilt. Aus denselben Gründen erhielten bei der Zusammenziehung der Plattenmittel zum endgültigen Resultat die Platten V bis VIII ebenfalls nur halbes Gewicht, desgleichen aber auch die Platten I bis IV in solchen Fällen, wenn von dem Stern sich nur ein Bild auf dieser Platte vorfand. Diese Fälle sind in den folgenden Tabellen durch ein * kenntlich gemacht.

Die einzelnen Plattenmittel sind in Mikrons gegeben, die daraus folgenden endgültigen Verbesserungen $\Delta\alpha$ und $\Delta\delta$ in Bogensekunden. Fügt man diese zu den für 1885.0 geltenden Oertern des vorläufigen Kataloges hinzu, so erhält man die in der letzten Spalte enthaltenen Rektaszensionen und Deklinationen, von denen hier die ganzen Grade und Minuten fortgelassen worden sind; diese Koordinaten werden in einem späteren Kapitel wiederholt.

Die Uebereinstimmung der übereinander greifenden Platten ist befriedigend, irgendwelcher Gang in den Differenzen ist nicht zu erkennen; die Differenzen liegen völlig innerhalb der Grenzen der zufälligen Fehler.

Stern	I	II	III	IV	V	VI	VII	VIII	$\Delta\alpha$	α
E4				+ 0.1				+ 5.2	+ 0.″11	50.″03
16g	+ 0.8			− 0.3	+ 1.0				+ 0.03	30.92
17b	− 2.4				− 1.3				− 0.13	42.37
E7	+ 4.6				+ 1.9				+ 0.23	6.11
18m				− 1.3				− 1.8	− 0.09	30.81
19e	+ 2.5			+ 3.1	+ 2.2				+ 0.17	27.15
E11				+ 3.8*				+ 5.0	+ 0.28	13.76
E12				− 1.0*				− 4.2	− 0.16	3.98
A1	+ 1.2				+ 2.4				+ 0.10	8.26
A2	+ 5.0			+ 6.6					+ 0.36	55.75

Stern	I	II	III	IV	V	VI	VII	VIII	$\Delta\alpha$	α
A4	− 0.9			+ 0.2				+ 1.6	0.″00	50.″60
A5	+ 1.8*			+ 13.5*				+ 5.3	+ 0.43	14.55
E16				− 11.0*				− 7.1	− 0.56	32.08
A6	− 0.6*			− 0.2*	− 3.0				− 0.06	46.33
20c	+ 1.0			+ 4.1	+ 1.7				+ 0.15	46.07
A7	+ 1.5				− 0.7				+ 0.05	29.35
21k	+ 0.3			+ 0.4	+ 2.6			− 1.9	+ 0.03	51.49
22l	− 0.7			− 1.0	− 0.4			− 4.4	− 0.09	58.50
A8	− 5.2	− 7.8			− 7.5				− 0.42	54.00
A9	− 1.8	− 3.3			− 3.0				− 0.16	27.97
23d	+ 1.5		− 3.1		− 1.0				− 0.05	30.88
A10	− 1.2	− 0.9							− 0.06	13.85
E28			− 0.8				+ 0.8		− 0.02	22.39
A11	+ 1.8*	+ 4.5*	+ 3.7*						+ 0.21	20.52
A12	− 3.0	− 2.3		− 2.1				− 3.0	− 0.16	3.73
E31				+ 0.7				− 0.3	+ 0.03	53.76
A13	+ 0.8	+ 3.2	+ 1.3		+ 1.8				+ 0.11	36.71
E33	− 3.6*	− 2.9*		+ 0.2*					− 0.13	52.80
A14		+ 5.4*	+ 1.1*				+ 4.6		+ 0.23	13.17
A15	+ 0.7	+ 3.6	+ 1.8						+ 0.13	36.30
A17		− 0.5	− 2.9				− 2.7		− 0.15	5.74
A18	+ 0.2	− 2.9	+ 0.1						− 0.06	17.43
24p	+ 0.3	+ 0.4	+ 2.6		+ 2.1		0.0		+ 0.07	43.62
A19		+ 0.9	+ 2.0				− 1.0		+ 0.06	55.04
A20	+ 0.1			0.0				+ 2.9	+ 0.04	9.83
A22	+ 0.1	− 1.6	0.0				+ 0.9		− 0.02	42.07
A21	− 2.0			− 1.2				− 0.4	− 0.09	45.65
A23			+ 0.7				− 1.3		0.00	27.38
A24	− 1.3	− 0.8		− 2.0					− 0.09	42.71
25η	+ 1.7	+ 1.9	+ 0.2		+ 4.4				+ 0.11	44.34
A25			+ 1.6				+ 4.0		+ 0.15	58.36
A26			+ 11.4				+ 8.6		+ 0.66	23.05
E48				− 5.6				− 8.6	− 0.41	33.13
A27	− 0.9	+ 0.9		− 1.4		+ 0.2		+ 1.2	− 0.01	41.03
A28			− 3.0				− 7.2		− 0.28	5.17
A29	+ 0.1	+ 2.3		− 3.9		+ 1.8		− 3.4	− 0.04	47.26
26s		− 1.3	+ 2.3			− 3.6	+ 0.9		− 0.01	45.80
27f	+ 0.5	− 0.1	0.0		− 2.7				− 0.02	52.15
28h	− 0.4	+ 2.7	+ 3.5		+ 1.2	+ 3.8	+ 0.8		+ 0.12	10.82
A30		− 1.3*	− 5.9						− 0.28	35.13
A31	− 0.6	+ 0.8							+ 0.01	23.82
A32	+ 5.2	+ 2.2				+ 1.7			+ 0.21	38.73
A33	+ 3.8	+ 2.6				+ 5.6			+ 0.23	47.11
A34			− 2.8				− 0.8		− 0.13	31.19
A35		− 0.2*				− 4.7*			− 0.11	47.74
A36		+ 3.7*	− 1.6*			+ 2.6			+ 0.10	59.39
A37		− 1.7				− 4.2			− 0.16	21.04
A38		− 1.5	− 2.4			− 2.1	− 3.0		− 0.14	2.87
A39		+ 1.3				+ 3.3			+ 0.13	5.52
A40		− 1.4	− 1.9				+ 3.2		− 0.04	31.70

Stern	I	II	III	IV	V	VI	VII	VIII	Δδ	δ
E4				+ 2.2				+ 3.6	+ 0.″15	52.″51
16g	− 3.2			− 6.1	− 2.9				− 0.25	36.01
17b	− 2.0				+ 2.6				− 0.03	2.83
E7	− 3.6				− 3.7				− 0.21	5.17
18m				+ 0.6				+ 1.1	+ 0.05	38.44
19e	+ 2.4			+ 2.9	+ 0.2				+ 0.13	19.78
E11				+ 5.6*				+ 8.8	+ 0.41	38.00
E12				− 3.3*				− 4.0	− 0.21	28.66
A1	− 1.6				− 1.1				− 0.08	25.99
A2	− 3.4			− 3.0					− 0.18	8.58
A4	+ 1.8			+ 1.5				+ 1.0	+ 0.09	29.23
A5	− 0.7*			0.0*				− 2.9	− 0.07	59.62
E16				− 0.7*				− 6.5	− 0.21	43.6[illegible]
A6	+ 1.2*			− 7.6*	− 1.0				− 0.14	40.48
20c	− 2.5			− 0.5	− 1.4				− 0.09	26.44
A7	− 0.7				− 3.0				− 0.09	42.75
21k	+ 3.6			+ 0.8	+ 2.5			+ 6.6	+ 0.17	39.75
22l	+ 4.0			+ 3.3	+ 2.2			+ 3.1	+ 0.19	4.97
A8	+ 2.0	− 1.3			+ 0.1				+ 0.02	10.67
A9	− 1.0	+ 0.4			+ 0.3				− 0.01	49.69
23d	+ 1.3		− 0.1		− 4.0				− 0.02	20.8[illegible]
A10	+ 1.9	+ 0.8							+ 0.08	45.82
E28			+ 2.0				− 0.8		+ 0.06	55.54
A11	− 3.1*	− 4.6*	+ 0.7*						− 0.13	41.09
A12	+ 2.3	+ 4.2		+ 4.1				+ 1.0	+ 0.18	44.89
E31				+ 3.0				+ 2.4	+ 0.16	44.53
A13	+ 0.8	+ 0.4	− 1.2		− 1.9				− 0.02	15.79
E33	− 1.5*	− 6.0*		− 4.0*					− 0.22	9.66
A14		+ 3.3*	+ 7.3*				+ 8.8		+ 0.37	26.46
A15	− 4.5	− 0.3	+ 1.0						− 0.07	16.52
A17		+ 2.3	+ 6.4				+ 6.0		+ 0.27	9.63
A18	− 4.0	− 0.8	+ 0.4						− 0.09	55.59
24p	− 1.6	− 0.1	− 2.6		+ 1.5		+ 1.8		− 0.04	33.69
A19		+ 0.2	− 1.7				0.0		− 0.03	47.49
A20	0.0			+ 2.4				− 1.6	+ 0.03	54.15
A22	− 2.4	− 0.5	+ 0.4				+ 1.6		− 0.03	28.46
A21	+ 3.6			− 3.4				+ 0.8	+ 0.01	3.59
A23			+ 2.2				+ 2.2		+ 0.13	18.30
A24	− 2.7	− 3.9		− 3.7					− 0.20	54.48
25η	− 2.4	− 1.9	− 6.9		− 2.2				− 0.20	54.68
A25			+ 7.0				+ 5.2		+ 0.37	11.75
A26			+ 11.8				+ 6.0		+ 0.57	14.53
E48				+ 0.9				+ 3.9	+ 0.11	58.37
A27	− 4.2	− 1.3		− 1.8		− 1.0		− 0.6	− 0.11	48.76
A28			− 3.1				+ 3.0		− 0.06	0.42
A29	+ 0.6	+ 0.7		+ 1.0		+ 0.9		+ 0.6	+ 0.05	28.55
26s		+ 1.6	+ 1.9			+ 1.3	+ 0.3		+ 0.08	15.45
27f	− 0.3	− 0.7	− 0.3		− 3.8				− 0.05	2.69
28h	− 1.2	− 0.3	− 3.9		− 3.6	− 1.0	+ 2.4		− 0.07	2.96
A30		− 1.0*	− 0.8						− 0.05	3.33

Stern	I	II	III	IV	V	VI	VII	VIII	Δδ	δ
A31	−2.6	+1.6							−0″.03	37″.31
A32	+0.4	−0.7				−2.7			−0.04	43.45
A33	+3.8	−3.8				0.0			0.00	44.36
A34			+0.2				+0.4		+0.02	38.14
A35		+3.1*				+3.6*			+0.19	36.61
A36		−2.0*	−3.8*			−3.7			−0.18	59.62
A37		−1.2				−3.8			−0.12	53.13
A38		+0.9	+3.1			+1.7	−6.8		+0.03	52.58
A39		+2.2				+5.6			+0.19	42.75
A40		−4.3	−2.9				−4.8		−0.22	45.95

Beim Vermessen der Platten waren anfangs als nicht zum Arbeitsprogramm gehörig die 4 Sterne A 3, A 16, E 50 und E 53 unberücksichtigt geblieben. A 16 ist nur in Königsberg, A 3 ausserdem von Elkin, E 50 und 53 aber nur von diesem beobachtet worden. Die Erweiterung des Programms machte eine nachträgliche Einschaltung dieser 4 Sterne notwendig.

Die nötigen Messungen und Rechnungen wurden genau in der früheren Weise durchgeführt. Die Plattenkonstanten wurden, so weit möglich, der früheren Ausgleichung entnommen; als Vergleichssterne dienten auf

Platte I	Platte II	Platte V	Platte VII
A 1	A 15	E 7	A 17
A 4	A 18	A 1	A 19
A 6	A 27	A 6	A 22
A 7	A 29	A 7	
A 15	A 33	A 13	
A 18	28 h	24 p	
A 27		A 29	
A 29		A 33	
A 33			
28 h			

Die Oerter dieser Sterne wurden nach dem definitiven Katalog angenommen.

Die Resultate dieser nachträglichen Messungen sind die folgenden. Alle Platten erhielten gleiches Gewicht.

Stern	I	II	V	VII	Δα	I	II	V	VII	Δδ
A 3	+0″63		+0″.29		+0″.46	−0″.11		−0″.10		−0″.10
A 16				−0.12	−0.12				+0.12	+0.12
E 50	−0.36	+0.62	0.00		+0.09	−0.01	+0.11	−0.01		+0.03
E 53	−0.23	+0.04	−0.23		−0.14	+0.04	+0.07	+0.04		+0.05

Die Oerter für 1885.0 sind:

A 3	54°	41′	25″.32	+23°	43′	20″.26
A 16	55	6	47.24		27	38.48
E 50	55	19	12.95		47	12.99
E 53	55	26	4.32		49	37.71

Bei der guten Uebereinstimmung der einzelnen Platten unter sich und der definitiven Resultate mit den Ergebnissen anderer Beobachtungsreihen war anzunehmen, dass kein Sternort etwa durch seine extreme Lage am Rande des überdeckten Gebietes besondere Unsicherheit besitzt, trotzdem war aber erwünscht, die Deklinationen von A 28 und E 48 auf unabhängige Weise zu kontrollieren, eben weil diese beiden Sterne eine extreme Lage haben. Zu diesem Zwecke wurden die relativen Entfernungen der 4 Elkinschen Hauptsterne 16 g, A 28, E 48 und A 40 von einem Zentralstern, wozu sich 24 p wegen seiner geringen Helligkeit besser eignet als Alkyone, durch besondere Aufnahmen ermittelt. Diese Untersuchung liess sich in recht einfacher und sicherer Weise so ausführen, dass die genannten 4 Distanzen parallel nebeneinander auf derselben Platte abgebildet wurden. An 2 Abenden wurden auf je 2 Platten in dieser Weise die 4 Distanzen aufgenommen, und zwar 1916 Jan. 23 je 3 Bilder dicht nebeneinander, 1916 Febr. 1 aber nur 2 Bilder für jede Entfernung. Die Belichtungszeit war 2 Minuten, zur Verwendung kamen die Lichtfilter 1 und 2 bei der Fokusstellung 38,80, das Objektiv war auf 21 cm abgeblendet. Die Beobachtungsdaten sind die folgenden:

Platte	Tag	Distanz	Stundenwinkel	Bar.	Temp.
			h m		°
IX	1916 Jan. 23	16g — 24p	— 2 23.8	764.0	+ 4.5
			21.0		
			18.0		
		E48 — 24p	— 2 12.3		
			3.0		
			0.2		
		A40 — 24p	— 1 55.5		
			52.3		
			49.8		
		A28 — 24p	— 1 42.9		
			40.2		
			37.6		
X	1916 Jan. 23	16g — 24p	— 1 27.6	764.0	+ 4.5
			24.4		
			17.1		
		E48 — 24p	— 1 13.5		
			10.8		
			8.3		
		A40 — 24p	— 1 1.9		
			0 59.2		
			56.4		
		A28 — 24p	— 0 49.8		
			47.3		
			44.8		
XI	1916 Febr. 1	E48 — 24p	— 1 7.8	762.0	+ 0.5
			5.0		
		A40 — 24p	— 0 45.2		
			42.1		
		A28 — 24p	— 0 35.4		
			32.3		
		16g — 24p	— 0 10.6		
			8.1		

Platte	Tag	Belichtung	Stundenwinkel	Bar.	Temp.
XII	1916 Febr. 1	E48 — 24p	— 1 1.1	762.0	+ 0.5
			0 58.3		
		A40 — 24p	— 0 52.6		
			49.5		
		A28 — 24p	— 0 28.1		
			24.5		
		16g — 24p	— 0 16.8		
			14.3		

Nimmt man nun die Sternörter nach dem definitiven Katalog an, dann erhält man für die 4 Distanzen die folgenden Werte, einmal in Bogenmass und dann einer Brennweite von 3594.1 mm entsprechend in Millimetern:

16 g — 24 p = 36′ 21.″78 = 38.0182 mm
A 28 — 24 p = 43 52.92 = 45.8803
E 48 — 24 p = 53 19.95 = 55.7626
A 40 — 24 p = 49 8.90 = 51.3871

Die Vermessung der 4 Platten ergab die folgenden Werte, die für Refraktion und Aberration verbessert sind. Die Messungen wurden in derselben Weise wie früher ausgeführt. Jedes Sternbild wurde 4mal eingestellt in beiden Lagen der Platte, so dass jede der folgenden Distanzen auf 8 Einstellungen eines jeden Sternbildes beruht.

Platte	16g — 24p	A28 — 24p	E48 — 24p	A40 — 24p
IX 1	38.0124	45.8723	55.7538	51.3791
2	0148	8762	7610	3828
3	0134	8769	7584	3797
M	38.0135	45.8751	55.7577	51.3805
X 1	38.0177	45.8717	55.7560	51.3853
2	0197	8732	7546	3787
3	0192	8730	7522	3849
M	38.0189	45.8726	55.7543	51.3830
XI 1	38.0111	45.8747	55.7575	51.3802
2	0159	8744	7567	3808
M	38.0135	45.8746	55.7571	51.3805
XII 1	38.0127	45.8750	55.7534	51.3831
2	0133	8734	7533	3827
M	38.0130	45.8742	55.7534	51.3829
Mittel	38.0147	45.8741	55.7556	51.3817
$B-R$	— 35	— 62	— 54	— 70

Die Abweichungen der Messungsresultate von den oben berechneten Distanzen würden im Mittel Null sein, wenn man die Brennweite um 0.41 mm kleiner annimmt. Die einzelnen Plattenmittel stimmen gut überein. Die Schichtverziehung dieser 4 Platten scheint genau gleich gewesen zu sein. Es ist hierbei aber noch zu erwähnen, dass die Differenzen $B-R$ nicht allein auf Rechnung der Schichtverziehung zu setzen sind. Bisher ist noch nie von der Temperatur des Instrumentes bei der Aufnahme und der Messung die Rede gewesen. Diese

Temperaturen sind deshalb ohne Bedeutung, weil der Massstab immer nur aus den Messungen der betreffenden Platte bestimmt wurde. In einer früheren Veröffentlichung wurde gezeigt, dass die Fokusstellung des Refraktors völlig unabhängig von der Temperatur ist; dieser Umstand ist bei allen Beobachtungen von grossem Vorteile. Der Ausdehnungskoeffizient des Fernrohrs aus Stahl ist etwa 0.000 011, der der Glasplatte 0.000 009. Bei allen Aufnahmen hatte die Platte etwa die Temperatur des Rohres; denn es wurden die Kassetten stets einige Zeit vor der Aufnahme am Instrument niedergelegt, damit sie seine Temperatur annehmen sollten. Notwendig war diese Massnahme nicht. Die Temperaturen des Refraktors an den 6 Beobachtungsabenden waren:

1915	Febr. 20	$+7\overset{\circ}{.}3$	1916	Jan. 23	$+3\overset{\circ}{.}5$
	Febr. 24	$+3.5$		Jan. 25	$+4.2$
	März 10	-3.5		Febr. 1	$+2.5$

Würde nun jede Platte bei der gleichen Temperatur mit der Stahlschraube des Messapparates gemessen, so würde die Abhängigkeit des Skalenwertes von der Temperatur nur eine äusserst geringe sein können. Das Vermessen der Platten geschah stets bei einer mittleren Zimmertemperatur von etwa $+18°$. Die Temperaturen der Aufnahmen schwanken innerhalb von 10°; demnach kann der Skalenwert aus diesem Grunde nur um 0.00002 seines Betrages schwanken. Es war das bei meinem Verfahren, wie schon gesagt, ohne Belang; ich erwähne es nur, um zu zeigen, dass die Beträge, die bisher kurz als Schichtverziehung bezeichnet worden waren, noch etwas von der Temperatur beeinflusst sind.

Wenn man nun den Skalenwert aus den 4 Distanzen ermittelt, dann erhält man die folgenden relativen Verbesserungen der Entfernungen der 4 Sterne von 24 p:

16 g	$+0.0009$ mm	$\Delta\alpha = -0.''05$
A 40	$+$ 5	$\Delta\alpha = +0.03$
A 28	$-$ 5	$\Delta\delta = +0.05$
E 48	$-$ 6	$\Delta\delta = -0.03$

Nimmt man für 24 p $\Delta\alpha$ und $\Delta\delta$ zu 0.''00 an, dann findet man für die 4 Sterne die angeführten Verbesserungen von α und δ. Aus den Platten I bis VIII ergeben sich dafür die 4 Werte $-0.''09$, $-0.''14$, $-0.''06$, $+0.''08$, also im Mittel $-0.''07$, $-0.''06$, 0.''00, $+0.''02$. Die Abweichungen von diesen Mittelwerten liegen innerhalb der Unsicherheit meiner Resultate. Bei der Bildung der definitiven Oerter sind die Resultate der Platten IX bis XII nicht berücksichtigt worden. Es lag mir nur daran, eine unabhängige Prüfung für die Sterne zu erhalten, die auf den Platten eine extreme Lage einnehmen.

Ich möchte an der Hand dieser letzten Messungen einiges über die erlangte Genauigkeit anführen. Aus der Uebereinstimmung der 4 Platten findet man den mittleren Fehler für das Plattenmittel einer Distanz, das aus 2 oder 3 Einzelwerten zusammengezogen ist, $\pm 0.''11$. Das Mittel aus den 4 Platten besitzt den m. F. $\pm 0.''06$. Aus der Uebereinstimmung der Einzelwerte einer Platte ergibt sich der m. F. eines Distanzbildes zu $\pm 0.''11$, woraus für ein Plattenmittel $\pm 0.''07$ folgt. Die innere Uebereinstimmung der Messungen eines Distanzbildes liefert einen viel kleineren Wert für den m. F. einer einzelnen Distanz, nämlich nur $\pm 0.''04$. Wir finden also als m. F. eines Plattenmittels

aus der Uebereinstimmung der einzelnen Platten	$\pm 0.''11$
„ „ „ „ Distanzen einer Platte	± 0.07
„ „ „ „ Messungen einer Distanz	± 0.03.

Aus diesen 3 Zahlen folgt, dass die direkten Messungsfehler sehr klein sind. Eine grössere Zahl von Einstellungen ist daher überflüssig. Von grösstem Einfluss auf die Genauigkeit ist die Unregelmässigkeit des Bildes, die wieder ihren Grund in der ungleichmässigen Häufung des Silberkorns und den Bildschwankungen während der Belichtung hat. Der Einfluss der Schichtverziehung ist nicht so bedeutend, aber doch immer noch sehr merkbar. Man kann aus diesen Zahlen schliessen, dass zur Erreichung eines möglichst genauen Wertes 8 Einstellungen auf jedes Bild völlig ausreichen, dass mehr als 2 Bilder auf einer Platte aufzunehmen keine wesentliche Steigerung der Genauigkeit zur Folge hat, sondern dass es weit wichtiger ist, die Zahl der Platten zu vergrössern.

Da nach obigem der m. F. eines Plattenmittels einer Distanz $\pm 0.''11$ ist, so würde aus den Platten IX bis XII als m. F. eines solchen Mittels für einen Sternort $\pm 0.''08$ folgen. Aus der Darstellung der Messungen auf den Platten I bis VIII folgt für die einzelnen Bilder mit verschiedener Belichtungszeit der mittlere Fehler

Platten	α			δ		
	10 Min.	2 Min.	1/2 Min.	10 Min.	2 Min.	1/2 Min.
I—IV	$\pm 0.''09$	$\pm 0.''09$	$\pm 0.''11$	$\pm 0.''09$	$\pm 0.''11$	$\pm 0.''15$
V—VIII	± 0.13	± 0.12	—	± 0.12	± 0.14	—

Der m. F. der Platten V bis VIII ist wesentlich grösser, wie vorauszusehen war. In der Tat kommt diesen Platten nur das Gewicht ½ zu. Aus den gegebenen Zahlen würden nun für die Plattenmittel sich die m. F. ergeben:

Platte I—IV $\pm 0.''06$ in α und $\pm 0.''07$ in δ
V—VIII ± 0.09 in α und ± 0.09 in δ

Für die Platten IX bis XII hatten wir oben $\pm 0.''08$ gefunden. Aus alledem folgt, dass für ein Resultat, das durchschnittlich aus 2 bis 3 Platten abgeleitet worden ist, als m. F. $\pm 0.''05$ im Durchschnitt angenommen werden kann. Bei den schwächsten Sternen, deren Oerter auf wenigen Platten und wenigen Bildern beruhen, dürfte der m. F. wesentlich grösser sein.

Katalog von 70 Sternen.

Im letzten Abschnitt soll nun der definitive Katalog derjenigen helleren Sterne aufgestellt werden, die in den mit dem Heliometer durchgeführten Vermessungen vorkommen. Zur Bildung des Kataloges wurden nur die Beobachtungsreihen herangezogen, die ein in sich geschlossenes und ausgeglichenes Ganzes bilden. Es blieben unberücksichtigt aus schon eingangs erwähnten Gründen alle Beobachtungen am Meridiankreis und Fadenmikrometer, desgl. die Sternörter der photographischen Himmelskarte. Die Grundlagen für den Katalog sind in der nächsten Zusammenstellung aufgeführt. Im folgenden werden sie stets mit den hier gegebenen Abkürzungen bezeichnet:

K. Vermessung der Plejaden durch Bessel und Schlüter in Königsberg; Epoche für die 11 hellsten Sterne etwa 1838.5, für die übrigen 1840.5.

Y_1. Triangulation der Plejaden durch W. Elkin, erschienen in den Transactions of the Astronomical Observatory of Yale University, Vol. I, Part I und VII; Epoche 1885.0.

Y_2. Triangulation durch M. F. Smith, erschienen in den gleichen Veröffentlichungen, Vol. I, Part VIII; Epoche 1901.5.

B. Triangulation zwischen den 8 hellsten Sternen der Plejadengruppe, ausgeführt am Heliometer der Königl. Sternwarte zu Berlin von H. Battermann, Astronomische Nachrichten Nr. 2925—26; Epoche 1887.0.

G. Triangulation der Plejadengruppe, mit dem kleinen Heliometer der Sternwarte zu Göttingen ausgeführt von L. Ambronn, Astronomische Mitteilungen der Kgl. Sternwarte zu Göttingen, 3. Teil, 1894; Epoche 1890.0.

R.J. The Rutherford Photographic Measures of the Group of the Pleiades, Second Paper; H. Jacoby; Contributions from the Observatory of Columbia University Nr. 17; Epoche 1874.0.

C. Cordoba Photographs by B. A. Gould, 1897; Epoche 1878.0.

Bx. Catalogue photographique du Groupe des Pléiades par M. F. Kromm. Observatoire de Bordeaux; Catalogue photographique du ciel, Tome I. Desgl. Mouvements propres de 160 étoiles de la région des Pléiades par M. F. Kromm. Annales de l'Observatoire de Bordeaux, Tome XIV. Epoche 1902.0.

L. Photographische Aufnahmen der Plejaden mit dem 30 cm-Refraktor der Leipziger Sternwarte von F. Hayn, Epoche 1915.2.

Um aus diesen Beobachtungsreihen die genaue gegenseitige Lage der Sterne und ihre Veränderungen ableiten zu können, müssen sie natürlich erst vergleichbar gemacht werden, d. h. sie müssen in Massstab und Orientierung auf ein System bezogen werden. Man erreicht das selbstverständlich nicht dadurch, dass man durch Hinzufügung additiver Konstanten zu den α und δ die Koordinaten von Alkyone in Uebereinstimmung bringt. Aus der Gesamtheit der gemeinsamen Sterne müssen die systematischen Unterschiede ermittelt werden. Sie werden sich im allgemeinen durch eine Parallelverschiebung und Drehung beseitigen lassen.

Da die Triangulation von Elkin ihrer ganzen Anlage und Durchführung nach als die genaueste Arbeit über die Plejaden angesehen werden muss, wurden alle Reihen auf sie bezogen. Da sich bei der Aufstellung des vorläufigen Kataloges, der meiner Vermessung zugrunde liegt, ergab, dass der Massstab in allen Reihen als einwandfrei betrachtet werden darf, kommt er bei den folgenden Untersuchungen nicht mehr in Frage.

Die Orientierung der Reihen von Elkin und Smith ist mit ausserordentlicher Sicherheit bestimmt. Beide haben die 4 Hauptsterne der Gruppe 16g, A28, E48, A40 in ein grosses Viereck eingehängt, dessen Diagonalen etwa 5° Länge haben. Diese 4 Kardinalpunkte sind nun in beiden Fällen durch gleichzeitige recht sichere Meridianbeobachtungen festgelegt worden. Bezüglich weiterer Einzelheiten muss auf die betr. Abhandlungen verwiesen werden. Man darf wohl behaupten, dass die Sicherheit der Orientierung von derselben Ordnung ist, wie die Genauigkeit der aus der Triangulation folgenden relativen Lage der 4 Hauptsterne. Wie wir später sehen werden, scheint die Vergleichung mit dem Katalog von Boss eine geringe Drehung zu verlangen, auf die auch Rücksicht genommen worden ist.

Aus den Rechnungen für den vorläufigen Katalog waren die Eigenbewegungen hinreichend genau bekannt, um auch die Sterne mit relativer Bewegung bei der Untersuchung der systematischen Unterschiede mitnehmen zu können. Mit der aus Boss folgenden Eigenbewegung der Gruppe und der Präzession nach Newcomb wurden alle Reihen auf 1885.0 reduziert, soweit sie nicht schon für dieses Aequinoktium vorlagen.

Die Resultate der Königsberger Beobachtungen wurden nach der Bearbeitung von Elkin in der oben genannten Veröffentlichung Vol. I, Part. I, Seite 99 angenommen. Bessel hat 10 hellere Sterne in den Jahren 1829 bis 1840 an Alkyone angeschlossen, in gleicher Weise hat Schlüter die schwächeren Sterne von 1838 bis 1841 beobachtet. Die Besselschen Beobachtungen beruhen auf sehr viel mehr Einzelmessungen, die angeschlossenen Sterne sind wesentlich heller, es ist daher erklärlich, dass die Genauigkeit dieser Messungsreihe sehr viel grösser ist. Diese beiden Reihen, von zwei Beobachtern und aus verschiedenen Zeiten stammend, zeigen so recht, zu welchen falschen Resultaten man kommen kann, wenn man sie dadurch vereinigt, dass man α und δ von Alkyone in beiden gleich setzt. Die Ursachen dafür, dass die Positionswinkel von Bessel wesentlich anders beobachtet worden sind als von Schlüter, und dass ausserdem die Distanzmessungen je nach ihrer Richtung bei beiden Beobachtern systematische Unterschiede zeigen müssen, lassen sich ohne weiteres nicht erkennen. Im vorliegenden Falle genügte es, die Tatsache festzustellen und die Widersprüche zu beseitigen. Auffallend ist jedenfalls der Umstand, dass diese Inhomogenität der Königsberger Beobachtungen bisher unbeachtet geblieben ist, obwohl ein Betrachten der Karte, die Elkin an der genannten Stelle gibt, den Unterschied im Verhalten der helleren und schwächeren Sterne ohne weiteres erkennen lässt.

Die Differenzen zwischen Y_1 und den einzelnen Reihen wurden ausgeglichen unter der Annahme, dass sie darstellbar sind durch Parallelverschiebung und Drehung. Dabei wurden die Bedingungsgleichungen nicht für jeden Stern einzeln angesetzt, sondern die Sterne je nach ihrer Lage gegen die Mitte, d. h. gegen Alkyone, gruppenweise zusammengefasst. Diese Vereinfachung der Rechnung war erlaubt. Die Vergleichung von Y_1 mit Y_2 ergab Differenzen in beiden Koordinaten, die als konstant anzusehen waren. Nachdem alle Heliometerbeobachtungen auf Y_1 reduziert waren, wurde durch Mittelbildung mit geeigneten Gewichten (siehe weiter unten) ein vorläufiger Katalog gebildet, der kurz mit „Heliometer" bezeichnet wurde. Mit diesem System „Heliometer" wurde dann weiterhin der Katalog von Boss und die photographischen Vermessungen *RJ, C, Bx, L* verglichen.

Der Fundamentalkatalog von Boss enthält die Oerter von 12 Sternen der Gruppe. Keiner dieser Sterne besitzt eine relative Eigenbewegung; es ist also erlaubt, die Eigenbewegungen des Kataloges zu mitteln. Die Annahme gleicher Eigenbewegungen für alle 12 Sterne verbessert überdies die Uebereinstimmung der Oerter von Boss mit unserem Katalog, wie weiter unten zu sehen ist. Gibt man 17b, 25η, 27f vierfaches Gewicht gegenüber den 9 anderen Sternen, so erhält man aus dem Katalog unter der Berücksichtigung einer auf Seite XXVIII gegebenen Korrektion als jährliche Eigenbewegung der Gruppe

$$\mu_\alpha = +0.''023, \quad \mu_\delta = -0.''050.$$

Die Richtungen der Diagonalen in dem grossen Fundamentalviereck folgen aus den Meridianbeobachtungen etwa mit dem m. F. $\pm 3''$. Das Einhängen der 4 Hauptsterne in dieses Viereck verringert die Sicherheit der Richtungsbestimmung, so dass hierfür der m. F. $\pm 4''$ anzunehmen ist. Dieser m. F. einer Richtung würde bei einer Distanz von 1000″ gleichbedeutend sein mit einem Bogenstück von $\pm 0.''02$. Dem Mittel ½ $(Y_1 + Y_2)$ würde demnach der m. F. $\pm 0.''014$ zukommen.

Die Vergleichung des Systems „Heliometer“ mit den 12 Sternen bei B o s s lieferte nun folgende Reduktionen auf diesen

$$\varDelta\alpha = +0.''296 - 0.''050\,(\delta - \delta_0)\sec\delta$$
$$\varDelta\delta = +0.290 \ +0.050\ (\alpha - \alpha_0)\cos\delta$$

Hierin sind α_0 und δ_0 die Koordinaten von Alkyone, für $\alpha - \alpha_0$ und $\delta - \delta_0$ gelten 1000″ als Einheit. Der Koeffizient 0.″050 hat den m. F. ± 0.″018, d. h. die Orientierung der Plejadengruppe, die sich aus der Vergleichung mit B o s s ergibt, ist annähernd von derselben Genauigkeit wie die aus den Yale-Beobachtungen folgende. Aus der Zusammenfassung beider Bestimmungen ergibt sich als Reduktion auf B o s s und als Verbesserung der Orientierung für das System „Heliometer“.

$$\varDelta\alpha = +0.''29 - 0.''020\,(\delta - \delta_0)\sec\delta$$
$$\varDelta\delta = +0.29 \ +0.020\ (\alpha - \alpha_0)\cos\delta$$

Wenn man diese Werte zugrunde legt, findet man nun für die einzelnen Beobachtungsreihen die Reduktionen, die in der nächsten Zusammenstellung gegeben sind. Die Konstanten weichen in α um 0.″03, in δ um 0.″02 von den in Nr. 5015 der Astron. Nachrichten gegebenen Werten ab, und zwar, weil bei der Reduktion von B o s s auf das Aequinoktium von 1885 als Eigenbewegungen der Gruppe ± 0.″021 und — 0.″049 angenommen worden waren. Es war zuerst die auf Seite XXVIII der Einleitung des Kataloges gegebene Verbesserung der Eigenbewegungen übersehen worden.

Die Vergleichung der einzelnen Reihen ermöglichte die Berechnung von relativen Gewichten. Diese wurden so abgerundet, dass keine Reihe ein höheres Gewicht als 2 und keine ein geringeres als ¼ erhielt; dazwischen wurde die Abstufung möglichst den mittleren Fehlern entsprechend gewählt. Diese Gewichte p_α und p_δ sind unten mit aufgeführt. Diese Art der Gewichtsbestimmung bedeutet eine geringe Bevorzugung der ungenaueren Beobachtungen, die mir erlaubt schien, da z. B. erfahrungsgemäss 2 unabhängige Beobachtungen mit dem Gewichte 1 wertvoller sind als eine Beobachtung mit dem Gewichte 2.

K.	helle Sterne	$\varDelta\alpha =$	+ 0.″15	+ 0.″083	$(\delta - \delta_0)\sec\delta$	$p_\alpha = 2$
	schw. Sterne		— 0.01	— 0.117		1/4
Y_1.			+ 0.29	— 0.020		2
Y_2.			+ 0.17	— 0.020		2
B.			+ 0.23	— 0.020		2
G.			+ 0.21	+ 0.026		1/2
R J.			+ 0.08	— 0.057		1/2
C.			+ 0.14	— 0.276		1/4
Bx.			— 0.29			1/2
L.			— 0.09			1
K.	helle Sterne	$\varDelta\delta =$	+ 0.16	— 0.083	$(\alpha - \alpha_0)\cos\delta$	$p_\delta = 2$
	schw. Sterne		+ 0.16	+ 0.117		1/4
Y_1.			+ 0.29	+ 0.020		1
Y_2.			+ 0.19	+ 0.020		1
B.			+ 0.20	+ 0.020		2
G.			— 0.12	— 0.026		2
R. J.			+ 0.81	+ 0.057		1/2
C.			+ 0.15	+ 0.276		1/2
Bx.			— 0.15			1
L.			+ 0.06			1

Die nun folgenden Tabellen geben die auf 1885.0 und B o s s reduzierten Koordinaten der 70 Sterne. Die Bezeichnung ist nach B e s s e l und E l k i n gewählt. Die mit * bezeichneten haben eine relative Eigenbewegung gegen die Gruppe; ihre Koordinaten gelten für die Epoche der Beobachtung, sind aber relativ, d. h. sie sind mit der E. B. der Gruppe auf 1885.0 reduziert. Die mittlere Epoche für C ist 1878.0; für einzelne Sterne weicht aber die wahre Epoche nicht unbedeutend hiervon ab, es ist für

A 8	Epoche 1879.0	A 25	Epoche 1880.0
A 14	1882.0	A 26	1882.0
A 21	1880.0	A 36	1880.0

Die Mittelwerte befinden sich in der 2. Spalte; bei ihrer Bildung wurden die in [] eingeschlossenen Werte wegen zu grosser Unsicherheit ausgeschlossen. Die Berechnung geschah mit Hilfe der oben gegebenen Gewichte und unter Berücksichtigung der später folgenden relativen Eigenbewegungen.

Zu E 61 ist zu bemerken, dass in beiden Abhandlungen von E l k i n die Deklination dieses Sternes, wohl infolge eines Schreibfehlers, um 1° zu klein gegeben ist. (Siehe die Berichtigung in Nr. 5051 der Astron. Nachrichten.)

Die Rektaszension des Sterns A 36 (E 61) in der Spalte Y_1 entspricht nicht dem von E l k i n gegebenen definitiven Resultate. Der aus der 2. Triangulation folgende Wert von α musste ausgeschlossen werden, da er sehr unsicher bestimmt ist und mit den anderen Beobachtungen in offenbarem Widerspruch steht.

Stern	α 1885.0			K	RJ	C	Y_1	B	G	Y_2	Bx	L
E1	54°	13′	15″.67		16″.10		15″.53			15″.66	15″.83	
E2		17	23.2[illegible]		23.24		23.19			23.23	23.05	
E3		23	27.86		27.96		27.85				27.78	
E4		23	49.84		49.99		49.71			49.90	49.73	49.94
16g		29	30.84	30.87	30.87	30.69	30.78	30.93	30.85	30.83	30.68	30.83
17b		30	42.41	42.27	42.27	43.10	42.53	42.43	42.48	42.44	42,24	42.28
E7		34	5.88		6.01	5.77	5.80				5.85	6.02
E8		34	9.21		9.40	[8.58]	9.34			9.03	9.26	
18m		34	30.76	31.10	30 92		30.75		30.59	30.72	30.73	30.72
19e		35	26.89	26.82	26.88	27.09	26.92	26.87	27.24	26.81	26.56	27.06
E11		37	13.55		14.02		13.35				13.62	13.67
E12		38	3.97				4.01					3.89
A1		39	8.09	8.12	8.11	7.92	8.03			8.10	8.17	8.17
A2		40	55.36	55.46	55.49	55.13	55.30			55.21	55.56	55.66
A3		41	24.92	25.30			24.73				24.88	25.23
A4		41	50.46	50.98	5[illegible].39	50.24	50.46			50.43	50.43	50.51
A5		42	14.17	13.96	14.70		14.08			14.02		14.46
E16		42	32.32				32.49					31.99
A6		42	46.21	46.68	46.17	45.55	46.27			46.18	46.16	46.24
20c		44	45.79	45.74	45.71	46.42	45.[illegible]8	45.76	46.22	45.80	45.08	45.98
A7		45	29.22	29.32	29.21	29.08	29.32			29.10	29.24	29.26
21k		45	51.36	51.45	51.20	51.45	51.29		51.38	51.38	51.15	51.40
22l		47	58.49	58.61	58.29	58.44	58.58		58.61	58.41	58.18	58.41
A8*		50	54.16	54.06	53.85	54.16	54.27			54.26	54.00	53.91

Stern	α 1885.0			K	RJ	C	Y_1	B	G	Y_2	Bx	L
A9	54°	51	27.95″	28.17″	27.69″	27.93″	27.93″			28.07″	27.82″	27.88″
23d		52	30.86	31.02	30.60	31.15	30.94	30.83	30.71	30.81	30.52	30.79
A10		54	13.77	13.92	13.41	14.24	13.67			13.92	13.57	13.76
E28		56	22.35		22.43	22.37	22.21			22.52	22.23	22.30
A11		57	20.11	20.83	19.93	19.51	20.09			20.04	20.01	20.43
A12	55	2	3.76	3.90	3.60	3.86	3.77		3.70	3.88	3.55	3.64
E31		2	53.61		53.62		53.66			53.53	53.72	53.67
A13		3	36.50	36.71	36.31	36.75	36.37			36.56	36.45	36.62
E33		4	52.75		52.67	52.45	52.83					52.71
A14*		5	14.11	15.62	14.73	14.10	14.20			13.31	13.49	13.08
A15		6	36.04	36.44	35.98	35.86	35.84			36.16	35.97	36.21
A16*		6	48.71	51.05							47.78	47.15
A17*		7	7.43	10.08	8.20	7.85	7.44			6.42	6.42	5.65
A18		7	17.35	17.57	17.26	17.38	17.37			17.35	17.19	17.34
24p		7	43.45	43.49	43.40	43.31	43.36			43.54	43.39	43.53
A19		7	54.98	54.50	54.98	54.88	55.02			55.03	55.00	54.95
A20		8	9.67	9.78	9.71	9.77	9.54			9.72	9.75	9.74
A22		8	42.00	41.93	42.00	41.90	42.07			41.93	42.13	41.98
A21*		8	46.35	47.29	46.78	46.32	46.45			45.76	46.09	45.56
A23		9	27.30	27.28	27.25	27.49	27.19			27.43	27.19	27.29
A24		9	42.71	42.48	42.73	42.72	42.60			42.91	42.65	42.62
25η		9	44.20	44.11	44.48	44.10	44.25	44.19	44.12	44.13	44.36	44.25
A25*		11	57.19	55.36	56.76	57.68	57.02			57.96	58.04	58.27
A26*		13	23.99	25.96	23.97	24.76	24.03			23.16	23.66	22.96
E48*		18	34.98		35.65		35.03			34.13	34.19	33.04
E50		19	12.78		12.92	12.80	12.74				12.66	12.86
A27		20	41.02	40.53	41.21	41.35	41.04			41.03	40.99	40.94
A28		23	5.34	5.37	5.30	5.53	5.38		5.28	5.40	5.46	5.08
A29		24	47.23	47.18	47.44	47.33	47.29			47.12	47.26	47.17
E53		26	4.36		4.64	4.65	4.36				4.22	4.23
26s*		31	44.76	43.48	44.43	44.32	44.71		44.55	45.27	45.27	45.71
27f		34	52.11	52.09	52.43	[51.26]	52.11	52.10	52.08	52.09	52.10	52.06
28h		35	10.66	10.63	10.79	10.25	10.59	10.76	10.68	10.62	10.75	10.73
A30		35	35.28	35.36	35.28	35.30	35.30			35.34	35.32	35.04
A31		36	23.72	23.82	23.79	23.62	23.66			23.71	23.95	23.73
A32		37	38.51	38.40	38.70	38.22	38.46			38.47	38.56	38.64
A33		38	46.86	47.01	47.02	46.81	46.94			46.63	46.97	47.02
E61		40	24.83				24.83					
A34		43	31.26	30.84	31.31	31.27	31.43		31.39	31.17	31.24	31.10
A35*		43	48.45	49.47			48.53			48.00	47.86	47.65
A36*		45	59.95	60.92	60.03	60.16	59.85			59.76	59.62	59.30
A37		46	21.04	21.10	20.93	20.70	21.13			21.07	20.97	20.95
A38		47	2.90	3.21	3.00	2.86	2.85			2.92	3.07	2.78
E67*		50	55.95		56.25		55.95				55.47	
A39		54	5.39	4.54	5.20	5.06	5.46			5.50	5.43	5.43
A40	56	0	31.67	31.31	31.52	31.67	31.64		31.85	31.70	31.97	31.61

Stern	δ 1885.0	K	RJ	C	Y_1	B	G	Y_2	Bx	L
E1	+ 23° 60′ 33″.77		33″.60		33″.74			33″.87	33″.80	
E2	71 32.49		32.49		32.70			32.97	32.86	
E3	46 8.35		8.75		8.11				8.38	
E4	61 52.44		52.51		52.40			52.37	52.39	52.57
16g	55 36.29	36.34	36.12	36.07	36.35	36.26	36.31	36.29	36.54	36.07
17b	45 2.87	2.70	2.56	2.74	3.01	2.90	2.99	2.92	2.95	2.89
E7	54 5.37		5.40	5.61	5.41				5.35	5.23
E8	20 26.31		26.43	[25.21]	26.28			26.23	26.37	
18m	88 38.39	38.59	38.05		38.41		38.36	38.43	28.38	38.50
19e	66 19.68	19.66	19.47	19.44	19.62	19.70	19.66	19.59	19.91	19.84
E11	93 37.90		37.90		37.62				38.02	38.06
E12	91 28.82				28.91					28.72
A1	40 26.08	26.53	26.27	25.97	26.10			25.96	26.08	26.05
A2	66 8.67	9.28	8.56	8.72	8.64			8.73	8.53	8.64
A3	43 20.37	20.47			20.51				20.25	20.32
A4	58 29.21	29.18	29.14	29.39	29.18			29.17	29.17	29.29
A5	75 59.71	0.19	59.80		59.48			59.79		59.68
E16	92 43.74				43.83					43.66
A6	55 40.71	41.04	40.81	41.28	40.78			40.38	40.70	40.54
20c	60 26.60	26.68	26.40	26.32	26.52	26.55	26.67	26.55	26.86	26.50
A7	40 42.87	43.34	42.96	42.83	42.78			42.78	42.99	42.81
21k	71 39.71	39.82	39.61	39.57	39.57		39.86	39.47	39.58	39.81
22l	70 4.91	4.90	4.79	5.00	4.77		4.98	4.81	4.92	5.03
A8*	50 9.81	8.28	9.58	9.79	9.76			10.23	10.35	10.73
A9	49 49.76	49.75	49.87	49.93	49.80			49.70	49.68	49.75
23d	35 20.87	20.91	20.48	20.94	20.99	20.89	20.78	20.90	20.89	20.89
A10	53 45.84	45.70	46.00	45.85	45.77			45.86	45.78	45.88
E28	15 55.49		55.49	55.25	55.65			55.46	55.39	55.60
A11	44 41.26	41.13	41.38	41.41	41.46			41.16	41.18	41.15
A12	69 44.82	44.67	45.01	44.86	44.92		44.71	44.76	44.81	44.95
E31	87 44.44		44.28		44.41			44.44	44.38	44.59
A13	38 15.84	16.25	15.77	15.93	16.02			15.56	15.81	15.85
E33	55 9.80		9.18	10.28	9.94					9.72
A14*	25 24.93	22.88	24.29	24.84	24.98			25.54	25.77	26.52
A15	46 16.72	16.13	16.83	16.74	16.69			16.91	16.78	16.58
A16*	27 37.66	36.59							37.99	38.54
A17*	22 9.01	7.89	8.80	9.00	9.21			9.10	9.29	9.69
A18	46 55.81	55.49	56.06	55.85	55.80			55.86	55.85	55.65
24p	45 33.82	33.52	33.92	33.65	33.80			33.96	33.89	33.75
A19	26 47.52	47.90	47.24	47.61	47.51			47.52	47.50	47.55
A20	73 54.15	54.02	54.05	54.10	54.21			54.23	54.03	54.21
A22	33 28.47	28.63	28.22	28.41	28.53			28.49	28.45	28.52
A21*	78 2.43	0.81	1.93	2.49	2.24			3.22	2.94	3.65
A23	19 18.27	18.00	18.36	18.19	18.22			18.35	18.21	18.36
A24	55 54.71	54.66	55.13	54.57	54.69			54.79	54.68	54.54
25η	44 54.91	54.87	54.75	54.86	55.00	54.91	54.86	54.90	55.25	54.74

Stern	δ 1885.0			*K*	*RJ*	*C*	Y_1	*B*	*G*	Y_2	*Bx*	*L*
A25*	+23°	15′	11.″98	12.″68	12.″30	11.″88	11.″93			11.″63	11.″77	11.″81
A26*		11	13.57	12.63	13.48	12.99	13.78			13.64	14.00	14.59
E48*		97	57.78		57.47		57.83			58.17	58.04	58.43
E50		47	12.98		13.09	12.69	12.99				12.99	13.05
A27		57	48.95	48.61	49.38	48.85	48.99			49.04	48.85	48.82
A28		4	0.53	0.48	0.58	0.44	0.58		0.59	0.53	0.44	0.48
A29		59	28.62	28.49	28.89	28.63	28.48			28.73	28.54	28.61
E53		49	37.76		38.12	37.50	37.73				37.73	37.77
26s*		30	15.93	16.54	16.06	15.99	15.83		15.99	15.78	15.57	15.51
27f		42	2.84	2.84	2.63	2.83	2.78	2.94	2.75	2.91	3.00	2.75
28h		47	3.06	2.[illegible]9	3.11	2.99	3.18	3.05	3.09	3.08	3.11	3.02
A30		32	3.39	3.90	3.47	3.35	3.35			3.39	3.27	3.39
A31		62	37.43	37.19	37.51	37.44	37.52			37.40	37.44	37.37
A32		61	43.51	43.70	43.61	43.35	43.59			43.52	43.38	43.51
A33		53	44.45	44.33	44.55	44.40	44.49			44.47	44.44	44.42
E61		76	36.57				36.57					
A34		21	38.18	38.30	38.13	38.08	38.13		38.24	38.18	38.12	38.20
A35*		53	35.30	33.12			35.26			36.20	36.19	36.67
A36*		51	58.67	57.07	58.47	58.46	58.46			59.49	59.26	59.68
A37		59	53.31	52.89	53.35	53.32	53.27			53.62	53.25	53.19
A38		29	52.64	52.82	52.69	52.92	52.59			52.65	52.44	52.64
E67*		78	55.78		54.93		56.00				56.55	
A39		68	42.67	42.58	42.10	42.60	42.31			43.04	42.85	42.18
A40		36	46.21	46.17	46.27	46.41	46.15		46.27	46.30	46.17	46.01

Relative Eigenbewegungen lassen sich nur bei den 12 mit * versehenen Sternen feststellen. Bei 2 von diesen Sternen wurden noch nachträglich die Oerter durch Mikrometeranschlüsse kontrolliert.

Der Ort von Anonyma 16 beruht in meiner Messungsreihe nur auf einem sehr schwachen Bilde einer einzigen Platte. Da der Stern ausserdem nur bei *K* und *Bx* vorkommt, war eine Kontrolle sehr erwünscht. Ich habe ihn an 2 Abenden mikrometrisch an Anonyma 19 angeschlossen; die Resultate waren:

1919 März 2	$\alpha = 55° 6' 48.''1$	$\delta = +23° 27' 39.''0$	Gew. ½
„ 25	46.5	38.8	1

Dem Mittelwerte 55° 6′ 47.″0 + 23° 27′ 38.″9 wurde ebenso wie dem in den obigen Tabellen gegebenen Orte nur das Gewicht ¼ zuerkannt.

Die Eigenbewegung von Anonyma 26 ist verhältnismässig recht unsicher bestimmt. Die Widersprüche *B*—*R* sind auffallend gross. Vor allem war es wünschenswert, die Deklination zu kontrollieren. Das liess sich sehr einfach und sicher ausführen, indem man die Deklinationsdifferenzen gegen die beiden einschliessenden Sterne A 23 und A 28 bestimmte. Die Resultate sind:

1919 März 2	+23° 11′ 14.″30
„ 11	14.65
„ 25	14.58
April 4	14.33

Das Mittel + 23° 11′ 14.″46 wurde mit dem Gewicht ½ bei der Ableitung der Eigenbewegung in Rechnung gezogen. Die relativen Eigenbewegungen nebst ihren rechnungsmässigen m. F. sind in der nächsten Uebersicht zusammengestellt.

	α			δ		
A 8	— 0.″0012	± 0.″0044		+ 0.″0305	± 0.″0022	
A14	—	387	39	+	487	30
A16	—	521	10	+	266	52
A17	—	602	10	+	197	40
A21	—	269	37	+	389	39
A25	+	406	54	—	117	34
A26	—	387	66	+	256	64
E48	—	628	50	+	214	21
26s	+	284	14	—	132	14
A35	—	265	26	+	485	25
A36	—	181	24	+	354	36
E67	—	283	0	+	510	200

Der mittlere Fehler dieser relativen Eigenbewegungen ist durchschnittlich ±0.″003, derjenige der Gruppenbewegung kann wohl auf 0.″001 bis 0.″002 veranschlagt werden. Demnach darf man annehmen, dass die Sterne in folgender Weise in Gruppen gleicher Bewegung zusammengehören:

A 25	A 14	A 16
26 s	A 21	A 17
	A 35	E 48
	E 67	

Die 3 übrigen Sterne stehen vereinzelt da.

Eine Arbeit von Adriaan van Maanen, erschienen in Nr. 167 der Contributions from the Mount Wilson Solar Observatory, beschäftigt sich mit den Eigenbewegungen der schwachen Sterne in der Umgebung von 27 f und 28 h. Ich habe versucht, die von Maanen gefundenen Bewegungen ebenfalls in Gruppen zusammenzufassen und mit den obigen zu vergleichen. Die Ergebnisse habe ich in Nr. 5051 der Astr. Nachr. veröffentlicht, worauf ich hiermit verweisen möchte; denn es würde zu weit führen, die dort mitgeteilten Zahlen hier nochmals zum Abdruck zu bringen. Die von R. Trümpler in Nr. 5029 der Astron. Nachrichten in Aussicht gestellte umfassende Arbeit über die Plejaden wird voraussichtlich weitere wichtige Aufschlüsse darüber bringen, wie viele der schwachen Sterne der Gruppe angehören und wie weit sich diese selbst ausdehnt.

Die scheinbare Winkelbewegung der Plejaden und ebenso die mittlere Geschwindigkeit der hellen Sterne im Visionsradius lässt sich bekanntlich fast vollständig durch die Bewegung des Sonnensystems erklären. Demnach würde den Plejaden etwa eine Parallaxe von 0.″015 zukommen, d. h. eine Entfernung von über 200 Lichtjahren. Ich setze hier absichtlich nur abgerundete Werte, um zum Ausdruck zu bringen, dass sie nur hypothetisch sind. Nimmt man einen scheinbaren Durchmesser der Gruppe von 2° an, so würde in Wahrheit der Durchmesser etwa 7 Lichtjahre betragen. Nach den Ergebnissen, die Adriaan van Maanen gefunden hat, werden verhältnismässig nur wenige der schwachen Sterne zur Gruppe gehören; denn von seinen 85 Sternen, die in einem Areal von 30×24′ liegen, nehmen nur 5 Sterne an der Gruppenbewegung teil. Man sieht daraus, dass die Sterndichtigkeit in den Plejaden ziemlich gering ist, woraus man weiter folgern darf, dass die relativen Bewegungen innerhalb des Systems unter dem Einfluss der gegenseitigen Anziehung nur äusserst klein sein werden. Jedenfalls werden sie von solcher Grössenordnung sein, dass sie innerhalb eines Zeitraumes von 100 Jahren nicht messbare Beträge erreichen. Von dieser berechtigten Annahme habe ich Gebrauch gemacht, indem ich die verschiedenen Zeiten entstammenden Beobachtungsreihen so behandelte, als wären systematische Bewegungen der Gruppe in sich nicht vorhanden.

Rektaszension.

Nr.	*K.*	*R.J.*	*C.*	Y_1.	*B.*	*G.*	Y_2.	*Bx.*	*L.*
1		+ 43		− 14			− 1	+ 16	
2		+ 4		− 1			+ 3	− 15	
3		+ 10		− 1				− 8	
4		+ 15		− 13			+ 6	− 11	+ 10
5	+ 3	+ 3	− 15	− 6	+ 9	+ 1	− 1	− 16	− 1
6	− 14	− 14	+ 69	+ 12	+ 2	+ 7	+ 3	− 17	− 13
7		+ 13	− 11	− 8				− 3	+ 14
8		+ 19	[− 63]	+ 13			− 18	+ 5	
9	+ 34	+ 16		− 1		− 17	− 4	− 3	− 4
10	− 7	− 1	+ 20	+ 3	− 2	+ 35	− 8	− 33	+ 17
11		+ 47		− 20				+ 7	+ 12
12				+ 4					− 8
13	+ 3	+ 1	− 17	− 6			+ 1	+ 8	+ 8
14	+ 10	+ 13	− 23	− 6			− 15	+ 20	+ 30
15	+ 38			− 19				− 4	+ 31
16	+ 52	− 7	− 22	0			− 3	− 3	+ 5
17	− 21	+ 53		− 9			− 15		+ 29
18				+ 17					− 33
19	+ 47	− 4	− 66	+ 6			− 3	− 5	+ 3
20	− 5	− 8	+ 63	− 1	− 3	+ 43	+ 1	− 71	+ 19
21	+ 10	− 1	− 14	+ 10			− 12	+ 2	+ 4
22	+ 9	− 16	+ 9	− 7		+ 2	+ 2	− 21	+ 4
23	+ 12	− 20	− 5	+ 9		+ 12	− 8	− 31	− 8
24	− 15	− 32	− 1	+ 11			+ 10	− 14	− 21
25	+ 22	− 26	− 2	− 2			+ 12	− 13	− 7
26	+ 16	− 26	+ 29	+ 8	− 3	− 15	− 5	− 34	− 7
27	+ 15	− 36	+ 47	− 10			+ 15	− 20	− 1
28		+ 8	+ 2	− 14			+ 17	− 12	− 5
29	+ 72	− 18	− 60	− 2			− 7	− 10	+ 32
30	+ 14	− 16	+ 10	+ 1		− 6	+ 12	− 21	− 12
31		0		+ 4			− 9	+ 10	+ 5
32	+ 21	− 19	+ 25	− 13			+ 6	− 5	+ 12
33		− 8	− 30	+ 8					− 4
34	− 22	+ 19	− 13	+ 9			− 17	+ 3	+ 13
35	+ 40	− 6	− 18	− 20			+ 12	− 7	+ 17
36	+ 3							− 4	+ 5
37	− 4	+ 10	− 1	+ 1			− 2	+ 1	+ 3
38	+ 22	− 9	+ 3	+ 2			0	− 16	− 1

Als durchschnittliche Epoche des Kataloges kann etwa 1890 gelten. Der definitive Katalog am Schlusse der Abhandlung ist mit den nun bekannten Eigenbewegungen auf 1900.0 reduziert worden.

Ich habe in den nächsten Tabellen die Abweichungen der einzelnen Reihen von den definitiven Koordinaten übersichtlich zusammengestellt, damit sich der Leser leicht selbst ein Urteil über die Sicherheit der definitiven Werte bilden kann. In der 1. Spalte steht die Sternnummer des definitiven Katalogs; die Einheit ist das Hundertstel der Sekunde.

Deklination.

Nr.	*K.*	*R. J.*	*C.*	Y_1.	*B.*	*G.*	Y_2.	*Bx.*	*L.*
1		— 17		— 3			+ 10	+ 3	
2		— 30		— 9			+ 18	+ 7	
3		+ 40		— 24				+ 3	
4		+ 7		— 4			— 7	— 5	+ 13
5	+ 5	— 17	— 22	+ 6	— 3	+ 2	0	+ 25	— 22
6	— 17	— 31	— 13	+ 14	+ 3	+ 12	+ 5	+ 8	+ 2
7		+ 3	+ 24	+ 4				— 2	— 14
8		+ 12	[— 110]	— 3			— 8	+ 6	
9	+ 20	— 34		+ 2		— 3	+ 4	— 1	+ 11
10	— 2	— 21	— 24	— 6	+ 2	— 2	— 9	+ 23	+ 16
11		0		— 28				+ 12	+ 16
12				+ 9					— 10
13	+ 45	+ 19	— 11	+ 2			— 12	0	— 3
14	+ 61	— 11	+ 5	— 3			+ 6	— 14	— 3
15	+ 10			+ 14				— 12	— 5
16	— 3	— 7	+ 18	— 3			— 4	— 4	+ 8
17	+ 48	+ 9		— 23			+ 8		— 3
18				+ 9					— 8
19	+ 33	+ 10	+ 57	+ 7			— 33	— 1	— 17
20	+ 8	— 20	— 28	— 8	— 5	+ 7	— 5	+ 26	— 10
21	+ 47	+ 9	— 4	— 9			— 9	+ 12	— 6
22	+ 11	— 10	— 14	— 14		+ 15	— 24	— 13	+ 10
23	— 1	— 12	+ 9	— 14		+ 7	— 10	+ 1	+ 12
24	— 16	+ 12	+ 18	— 4			— 7	+ 3	+ 2
25	— 1	+ 11	+ 17	+ 4			— 6	— 8	— 1
26	+ 4	— 39	+ 7	+ 12	+ 2	— 9	+ 3	+ 2	+ 2
27	— 14	+ 16	+ 1	— 7			+ 2	— 6	+ 4
28		0	— 24	+ 16			— 3	— 10	+ 11
29	— 13	+ 12	+ 15	+ 20			— 10	— 8	— 11
30	— 15	+ 19	+ 4	+ 10		— 11	— 6	— 1	+ 13
31		— 16		— 3			0	— 6	+ 15
32	+ 41	— 7	+ 9	+ 18			— 28	— 3	+ 1
33		— 62	+ 48	+ 14					— 8
34	+ 13	— 10	+ 6	+ 5			— 20	+ 1	+ 13
35	— 59	+ 11	+ 2	— 3			+ 19	+ 6	— 14
36	+ 11							— 11	+ 5
37	— 24	+ 1	+ 13	+ 20			— 23	— 5	+ 9
38	— 32	+ 25	+ 4	— 1			+ 5	+ 4	— 16

Rektaszension.

Nr.	*K.*	*R. J.*	*C.*	Y_1	*B.*	*G.*	Y_2.	*Bx.*	*L.*
39	+ 4	− 5	− 14	− 9			+ 9	− 6	+ 8
40	− 48	0	− 10	+ 4			+ 5	+ 2	− 3
41	+ 11	+ 4	+ 10	− 13			+ 5	+ 8	+ 7
42	− 7	0	− 10	+ 7			− 7	+ 13	− 2
43	− 26	+ 13	− 17	+ 10			− 15	+ 20	+ 2
44	− 2	− 5	+ 19	− 11			+ 13	− 11	− 1
45	− 23	+ 2	+ 1	− 11			+ 20	− 6	− 9
46	− 9	+ 28	− 10	+ 5	− 1	− 8	− 7	+ 16	+ 5
47	− 2	+ 2	+ 70	− 17			+ 10	+ 16	− 14
48	+ 24	− 45	+ 65	+ 4			− 19	+ 33	+ 14
49		− 9		− 3			+ 9	+ 18	− 16
50		+ 14	+ 2	− 4				− 12	+ 8
51	− 49	+ 19	+ 33	+ 2			+ 1	− 3	− 8
52	+ 3	− 4	+ 19	+ 4		− 6	+ 6	+ 12	− 26
53	− 5	+ 21	+ 10	+ 6			− 11	+ 3	− 6
54		+ 28	+ 29	0				− 14	− 13
55	+ 5	− 1	− 24	− 5		− 35	+ 5	+ 3	+ 10
56	− 2	+ 32	[− 85]	0	− 1	− 3	− 2	− 1	− 5
57	− 3	+ 13	− 41	− 7	+ 10	+ 2	− 4	+ 9	+ 7
58	+ 8	0	+ 2	+ 2			+ 6	+ 4	− 24
59	+ 10	+ 7	− 10	− 6			− 1	+ 23	+ 1
60	− 11	+ 19	− 29	− 5			− 4	+ 5	+ 13
61	+ 15	+ 16	− 5	+ 8			− 23	+ 11	+ 16
62				0					
63	− 42	+ 5	+ 1	+ 17		+ 13	− 9	− 2	− 16
64	− 16			+ 8			− 1	− 14	0
65	+ 13	− 12	+ 12	− 10			+ 11	− 2	− 10
66	+ 6	− 11	− 34	+ 9			+ 3	− 7	− 9
67	+ 31	+ 10	− 4	− 5			+ 2	+ 17	− 12
68		0		0				0	
69	− 85	− 19	− 33	+ 7			+ 11	+ 4	+ 4
70	− 36	− 15	0	− 3		+ 18	+ 3	+ 30	− 6

Aus diesen Zahlen ergibt sich folgendes: Durchschnittlich ist der m. F. eines definitiven α und δ $\pm 0.''05$; die helleren Sterne bis zur 7. Grösse *sind* etwas genauer bestimmt (m. F. $\pm 0.''04$), die an der Grenze der Messbarkeit gelegenen von der 9. Grösse haben einen m. F. von $0.''07$.

Die Genauigkeit der einzelnen Beobachtungsreihen ersieht man aus den mittleren Fehlern:

	α	δ		α	δ
K_1	$\pm 0.''08$	$\pm 0.''07$	B	$\pm 0.''05$	$\pm 0.''05$
K_2	0.28	0.28	G	0.19	0.07
RJ	0.17	0.21	Y_2	0.09	0.13
C	0.29	0.18	Bx	0.16	0.09
Y_1	0.08	0.11	L	0.12	0.09

Diese Fehler unterscheiden sich nicht wesentlich von denen, die aus der Ableitung der systematischen Unterschiede gefunden worden waren. Es konnte

Deklination.

Nr.	*K.*	*R.J.*	*C.*	Y_1.	*B.*	*G.*	Y_2.	*Bx.*	*L.*
39	− 30	+ 10	− 17	− 2			+ 14	+ 7	− 7
40	+ 38	− 28	+ 9	− 1			0	− 2	+ 3
41	− 13	− 10	− 5	+ 6			+ 8	− 12	+ 6
42	+ 16	− 25	− 6	+ 6			+ 2	− 2	+ 5
43	+ 12	− 7	+ 26	− 19			+ 15	− 15	+ 5
44	− 27	+ 9	− 8	− 5			+ 8	− 6	+ 9
45	− 5	+ 42	− 14	− 2			+ 8	− 3	− 17
46	− 4	− 16	− 5	+ 9	0	− 5	− 1	+ 34	− 17
47	+ 18	+ 19	− 16	− 5			− 16	− 1	+ 18
48	+ 20	+ 19	− 50	+ 21			− 35	0	+ 25
49		− 7		+ 5			+ 4	− 10	+ 1
50		+ 11	− 29	+ 1				+ 1	+ 7
51	− 34	+ 43	− 10	+ 4			+ 9	− 10	− 13
52	− 5	+ 5	− 9	+ 5		+ 6	0	− 9	− 5
53	− 13	+ 27	+ 1	− 14			+ 11	− 8	− 1
54		+ 36	− 26	− 3				− 3	+ 1
55	0	− 1	− 3	− 10		+ 13	+ 7	− 13	− 2
56	0	− 21	− 1	− 6	+ 10	− 9	+ 7	+ 16	− 9
57	− 7	+ 5	− 7	+ 12	− 1	+ 3	+ 2	+ 5	− 4
58	+ 51	+ 8	− 4	− 4			0	− 12	0
59	− 24	+ 8	+ 1	+ 9			− 3	+ 1	− 6
60	+ 19	+ 10	− 16	+ 8			+ 1	− 13	0
61	− 12	+ 10	− 5	+ 4			+ 2	− 1	− 3
62				0					
63	+ 12	− 5	− 10	− 5		+ 6	0	− 6	+ 2
64	− 2			− 4			+ 10	+ 6	− 9
65	+ 5	+ 19	− 3	− 21			+ 23	− 1	− 6
66	− 42	+ 4	+ 1	− 4			+ 31	− 6	− 12
67	+ 18	+ 5	+ 28	− 5			+ 1	− 20	0
68		− 28		+ 22				− 9	
69	− 9	− 57	− 7	− 36			+ 37	+ 18	+ 14
70	− 4	+ 6	+ 20	− 6		+ 6	+ 9	− 4	− 20

daher die frühere Gewichtserteilung beibehalten werden. Eine Wiederholung der Rechnung auf Grund neuer Gewichte hätte keinen Gewinn gebracht.

Die vorstehenden Untersuchungen bieten uns die Möglichkeit, an der Hand eines grossen Beobachtungsmaterials einmal die Leistungsfähigkeit des Heliometers mit der Genauigkeit der photographischen Methode zu vergleichen. Wir sehen, dass sorgfältige photographische Vermessungen etwa von derselben Genauigkeit sind wie Heliometerbeobachtungen, natürlich unter der Annahme mittlerer Dimensionen der verwendeten Instrumente. Die Genauigkeit der photographischen Methode liesse sich natürlich noch steigern, wenn man die Zahl der Platten vergrösserte. Die ausserordentliche Genauigkeit der Battermannschen Beobachtungen zeigt aber, dass auch das Heliometer derselben Genauigkeit fähig ist, freilich unter Aufwendung von unendlicher Arbeit und Mühe.

Bei einigen photographischen Arbeiten fällt auf, dass die Oerter der hellen Sterne recht unsicher sind. Schon in einem früheren Kapitel wies ich darauf hin, worin der Grund hierfür zu suchen ist, und dass durch Verbesserung des Apparates diese Fehler sich vermeiden lassen.

Dass die Genauigkeit der beiden Reihen *RJ* und *C* nicht ganz befriedigt, darf uns nicht wundernehmen. In Anbetracht, dass sie aus einer Zeit stammen, in der das photographische Verfahren noch im Stadium der ersten Entwicklung sich befand und ausserdem die Instrumente noch nicht den Grad mechanischer Vollkommenheit besassen, den man heute verlangen kann, müssen sie sogar sehr hoch bewertet werden.

Für meine Vermessung der Plejaden finde ich oben als m. F. einer Koordinate ±0.″10. Dagegen fand ich aus der Uebereinstimmung der einzelnen Platten etwa ± 0.″05. Dieser Umstand ist sehr lehrreich, wenn er auch nur längst Bekanntes bestätigt. Wenn auch zuzugeben ist, dass dieser Widerspruch etwas geringer werden würde, wenn meine Reihe ein etwas höheres Gewicht erhalten würde, so würde er doch bestehen bleiben. Mittlere Fehler, die aus der inneren Uebereinstimmung einer Beobachtungsreihe berechnet werden, sind fast immer zu klein. Eine Folge davon ist, dass die meisten Beobachter die Genauigkeit ihrer Resultate wesentlich überschätzen. Beim Aufstellen eines Beobachtungsprogramms, das zu einer ganz bestimmten Genauigkeit führen soll, z. B. bei Parallaxenbestimmungen, darf dieser Umstand nicht ausser acht gelassen werden, wenn nicht unter Umständen die ganze Arbeit ergebnislos verlaufen soll.

Zu dem definitiven Katalog der nächsten Seiten ist nur noch weniges hinzuzufügen. Ausser der laufenden Nummer ist noch die Bezeichnung eines jeden Sternes nach Elkin und Bessel gegeben. Die angeführte Helligkeit ist aus Y_1 entnommen. Die Präzession wurde nach Newcomb berechnet.

Nr.	Y_1	K.	Gr.	α 1900.0	Praec.	Var. saec.	δ 1900.0	Praec.	Var. saec.
1	1		8.3 m	54° 26′ 36.″21	+ 53.″3660	+ 0.″2702	+24° 3′ 28.″35	+ 11.″6573	− 0.″4270
2	2		8.0	30 44.77	4349	2713	24 14 27.08	6377	4278
3	3		9.1	36 47.40	2992	2670	23 49 2.21	6090	4273
4	4		8.7	37 10.73	3895	2694	24 4 46.27	6072	4280
5	5	16 *g*	6.5	42 51.32	3622	2682	23 58 29.71	5802	4284
6	6	17 *b*	4.7	44 2.01	3038	2666	23 47 56.21	5745	4280
7	7		8.9	47 26.33	3604	2676	23 56 58.47	5583	4287
8	8		8.6	47 26.80	1692	2628	23 23 19.40	5582	4272
9	9	18 *m*	6.3	47 54.19	5590	2726	24 31 31.46	5562	4303
10	10	19 *e*	5.0	48 48.42	4323	2693	24 9 12.68	5518	4294
11	11		8.9	50 37.47	5919	2732	24 36 30.77	5431	4308
12	12		9.2	51 27.73	5809	2728	24 34 21.63	5391	4307
13	13	Anon. 1	8.2	52 27.49	2900	2652	23 43 18.82	5344	4286
14	14	Anon. 2	8.8	54 17.00	4394	2689	24 9 1.28	5257	4299
15	15	Anon. 3	9.0	54 44.62	3098	2655	23 46 12.95	5235	4290
16	16	Anon. 4	8.1	55 11.46	3970	2676	24 1 21.75	5214	4296
17	17	Anon. 5	9.1	55 36.68	4979	2702	24 18 52.23	5194	4304
18	18		9.2	55 56.29	5949	2726	24 35 36.23	5178	4312
19	19	Anon. 6	9.0	56 6.99	3822	2672	23 58 33.19	5169	4296
20	20	20 *c*	4.8	58 7.03	4125	2678	24 3 18.94	5074	4300

Nr.	Y_1	K.	Gr.	α 1900,0	Praec.	Var. saec.	δ 1900,0	Praec.	Var. saec.
			m		″	″		″	″
21	21	Anon. 7	8.2	54° 58′ 48.″79	+ 53.3009	+ 0.2649	+23° 43′ 35.″15	+ 11.5040	— 0.4292
22	22	21 *k*	7.0	59 13.59	4785	2694	24 14 31.97	5021	4306
23	23	22 *l*	7.0	55 1 20.63	4726	2689	24 12 57.01	4920	4312
24*	24	Anon. 8	8.0	4 14.63	3628	2658	23 53 2.17	4781	4300
25	25	Anon. 9	8.1	4 48.43	3617	2657	23 52 41.62	4754	4302
26	26	23 *d*	4.5	5 50.12	2805	2636	23 38 12.65	4705	4296
27	27	Anon. 10	8.0	7 34.64	3882	2662	23 56 37.50	4621	4306
28	28		8.4	9 40.04	1756	2606	23 18 46.99	4522	4291
29	29	Anon. 11	9.1	10 40.27	3408	2646	23 47 32.69	4473	4305
30	30	Anon. 12	7.5	15 26.19	4917	2678	24 12 35.91	4245	4320
31	31		8.4	16 17.62	5969	2704	24 30 35.47	4204	4330
32	32	Anon. 13	8.5	16 56.25	3132	2632	23 41 6.82	4173	4308
33	33		9.2	18 13.98	4120	2655	23 58 0.69	4111	4317
34*	34	Anon. 14	9.0	18 32.22	2423	2614	23 28 16.54	4097	4304
35	35	Anon. 15	8.5	19 56.55	3635	2641	23 49 7.49	4029	4315
36*		Anon. 16	10.0	20 6.84	2574	2615	23 30 28.82	4020	4307
37*	36	Anon. 17	7.9	20 24.97	2264	2607	23 25 0.04	4006	4305
38	37	Anon. 18	8.0	20 37.93	3682	2640	23 49 46.53	3996	4316
39	38	24 *p*	8.0	21 3.92	3610	2638	23 48 24.51	3975	4316
40	39	Anon. 19	7.5	21 13.84	2539	2612	23 29 38.20	3967	4308
41	40	Anon. 20	8.0	21 32.59	5248	2680	24 16 44.81	3952	4328
42	42	Anon. 22	7.0	22 1.45	2932	2620	23 36 19.09	3930	4311
43*	41	Anon. 21	8.6	22 9.23	5496	2684	24 20 53.63	3923	4332
44	43	Anon. 23	8.0	22 45.56	2135	2601	23 22 8.83	3893	4306
45	44	Anon. 24	7.0	23 4.11	4234	2652	23 58 45.25	3879	4323
46	45	25 η	3.0	55 23 4.66	3603	2635	23 47 45.45	3878	4318
47*	46	Anon. 25	8.2	25 15.75	1936	2593	23 18 2.20	3774	4306
48*	47	Anon. 26	9.0	26 41.06	1730	2586	23 14 4.24	3705	4306
49*	48		7.0	31 59.28	6800	2706	24 40 48.01	3450	4350
50	50		9.2	32 33.64	3872	2632	23 50 2.84	3424	4326
51	49	Anon. 27	8.5	34 2.83	4504	2646	24 0 38.71	3352	4333
52	51	Anon. 28	7.0	36 22.59	1456	2569	23 6 50.11	3240	4312
53	52	Anon. 29	7.8	38 9.27	4660	2646	24 2 18.08	3154	4338
54	53		9.0	39 25.58	4110	2630	23 52 27.13	3093	4334
55*	54	26 *s*	7.0	45 4.85	3078	2599	23 33 4.70	2821	4330
56	55	27 *f*	4.0	48 12.87	3801	2613	23 44 51.57	2670	4340
57	56	28 *h*	6.2	48 31.86	4094	2620	23 49 51.77	2654	4342
58	57	Anon 30	8.4	48 55.19	3236	2598	23 34 52.07	2636	4336
59	58	Anon. 31	8.0	49 46.29	5011	2640	24 5 26.05	2594	4350
60	59	Anon. 32	7.5	51 1.03	4977	2640	24 4 32.04	2534	4351
61	60	Anon. 33	7.8	52 8.71	4532	2626	23 56 32.90	2480	4348
62	61		9.2	53 48.71	5884	2658	24 19 24.90	2400	4360
63	62	Anon. 34	7.2	56 50.45	2750	2577	23 24 26.29	2253	4338
64*	63	Anon. 35	9.2	57 10.00	4596	2622	23 56 24.11	2237	4353
65*	64	Anon. 36	8.5	59 21.53	4535	2618	23 54 47.14	2132	4354
66	65	Anon. 37	7.9	55 59 43.59	4997	2629	24 2 41.21	2113	4358
67	66	Anon. 38	7.5	56 0 22.87	3273	2587	23 32 40.49	2082	4345
68*	67		9.0	4 19.83	6173	2654	24 21 44.12	1891	4372
69	68	Anon. 39	7.7	7 28.88	5622	2634	24 11 30.01	1739	4370
70	69	Anon. 40	7.3	56 13 52.52	+ 53.3862	+ 0.2586	+23 39 33.09	+ 11.1429	— 0.4361

Die absoluten Eigenbewegungen der mit * bezeichneten Sterne sind die folgenden:

	α	δ		α	δ
Nr. 24	+0.″022	−0.″019	Nr. 48	−0.″016	−0.″024
34	−0.016	−0.001	49	−0.040	−0.029
36	−0.029	−0.023	55	+0.051	−0.063
37	−0.037	−0.030	64	−0.004	−0.001
43	−0.004	−0.011	65	+0.005	−0.015
47	+0.064	−0.062	68	−0.005	+0.001

Zum Schluss soll noch die Vergleichung meines Kataloges mit dem vorläufigen Fundamentalkatalog von Boss angeführt werden. Die letzte Zusammenstellung gibt die Differenz „Boss minus Katalog", und zwar unter I berechnet mit den unverbesserten Oertern des Kataloges von Boss, unter II aber mit den auf gemeinsame Eigenbewegung reduzierten Oertern.

Boss	Bessel	Iα	IIα	Iδ	IIδ
851	16g	+0.″36	+0.″36	−0.″26	−0.″11
852	17b	−0.08	−0.08	+0.02	+0.03
855	18m	+0.04	+0.08	−0.04	+0.06
856	19e	−0.62	−0.42	−0.07	−0.10
860	20c	+0.20	+0.01	0.00	−0.10
861	21k	−0.22	−0.17	+0.12	−0.06
865	23d	+0.15	+0.05	−0.18	−0.04
867	25p	+0.06	+0.06	+0.01	+0.11
869	24η	−0.06	−0.06	−0.03	−0.05
872	A28	+0.19	+0.19	+0.22	+0.22
877	27f	+0.11	+0.11	−0.03	−0.01
879	28h	+0.13	+0.13	+0.29	+0.29

Aus IIα und IIδ folgen als mittlere Fehler eines Plejadenortes bei Boss ±0.″20 und ±0.″13. Auch dieses Ergebnis ist bemerkenswert. Eine so grosse Anzahl vollwertiger Meridianbeobachtungen ist notwendig, um eine Genauigkeit zu erreichen, die auf differentiellem Wege, mit Heliometer oder Photographie, verhältnismässig leicht erreichbar ist. Die modernen Teleskope mit langen Brennweiten bieten die Möglichkeit, viel grössere Genauigkeit mit weniger Arbeit und in viel kürzerer Zeit zu erlangen, wie die oben zitierte Arbeit von Maanen recht deutlich erkennen lässt. Es könnte danach fast den Anschein gewinnen, als wenn Untersuchungen wie die vorliegende durch so überlegene Hilfsmittel bedeutungslos würden. Diese Befürchtung scheint mir grundlos zu sein; die exakten Arbeiten mit bescheidenen Hilfsmitteln haben das sichere Fundament geliefert, auf dem nun weiter gebaut werden kann.

XIII. BAND. (22. Bd.) 1887. brosch. Preis ℳ 30.—

G. T. FECHNER, Über die Frage des Weberschen Gesetzes u. Periodizitätsgesetzes im Gebiete des Zeitsinnes. 1884. ℳ 2.80.

—— Über die Methode der richtigen und falschen Fälle in Anwendung auf die Maßbestimmungen der Feinheit oder extensiven Empfindlichkeit des Raumsinnes. 1884. ℳ 7.—

W. BRAUNE u. O. FISCHER, Die bei der Untersuchung v. Gelenkbewegungen anzuwendende Methode, erläut am Gelenkmechanismus des Vorderarmes beim Menschen. Mit 4 Taf. 1885. ℳ 2.—

F. KLEIN, Über die elliptischen Normalkurven der n^{ten} Ordnung und zugehörige Modulfunktionen der n^{ten} Stufe 1885. ℳ 1.80.

C. NEUMANN, Über die Kugelfunktionen P_n und Q_n, insbesondere über die Entwicklung der Ausdrücke $P_n\,(zz_1 + \sqrt{1-z^2}\,\sqrt{1-z_1^2}\,\cos\Phi)$ und $Q_n\,(zz_1 + \sqrt{1-z^2}\,\sqrt{1-z_1^2}\,\cos\Phi)$. 1886. ℳ 2.40.

W. HIS, Zur Geschichte des menschlichen Rückenmarkes und der Nervenwurzeln. Mit 1 Tafel und 10 Holzschnitten 1886. ℳ 2.—

H. BRUNS, Über eine Aufg. der Ausgleichungsrechnung. 1886. ℳ 2.—

R. LEUCKART, Neue Beiträge zur Kenntnis des Baues und der Lebensgeschichte der Nematoden. Mit 3 Tafeln. 1887. ℳ 7.—

C. NEUMANN, Über die Methode des arithmetischen Mittels 1. Abhdlg. Mit 11 Holzschnitten. 1887. ℳ 3.20

XIV. BAND. (24. Bd.) 1888. brosch. Preis ℳ 42.—

J. WISLICENUS, Über die räuml. Anordnung d. Atome in organisch. Molekülen u. ihre Bestimmung in geometr.-isomeren ungesättigten Verbindungen. Mit 186 Figuren. 2. Abdruck. 1889. ℳ 4.—

W. BRAUNE und O. FISCHER, Untersuchungen über die Gelenke des menschlichen Armes. 1. T.: Das Ellenbogengelenk v. O. Fischer. 2. T.: Das Handgelenk von W. Braune und O. Fischer. Mit 12 Holzschnitten und 15 Tafeln. 1887. ℳ 5.—

J. P. MALL, Die Blut- und Lymphwege im Dünndarm des Hundes. Mit 6 Tafeln. 1887. ℳ 5.—

W. BRAUNE und O. FISCHER, Das Gesetz der Bewegungen in den Gelenken an der Basis der mittleren Finger und im Handgelenk des Menschen. Mit 2 Holzschnitten. 1887. ℳ 1.—

O. DRASCH, Untersuchung über die papillae foliatae et circumvallatae d. Kaninchens u. Feldhasen. Mit 8 Tafeln. 1887. ℳ 4.—

W. G. HANKEL, Elektrische Untersuchungen. 18. Abhdlg.: Fortsetzung der Versuche über das elektrische Verhalten der Quarz- und der Boracitkrystalle. Mit 3 Tafeln. 1887. ℳ 2.—

W. HIS, Zur Geschichte des Gehirns, sowie der zentralen u. peripherischen Nervenbahnen. Mit 3 Taf. u. 27 Holzschn. 1888. ℳ 3.—

W. BRAUNE und O. FISCHER, Über den Anteil, den die einzelnen Gelenke des Schultergürtels an der Beweglichkeit des menschlichen Humerus haben. Mit 3 Tafeln. 1888. ℳ 1.60.

G. HEINRICIUS und H. KRONECKER, Beiträge zur Kenntnis des Einflusses der Respirationsbewegungen auf den Blutlauf im Aortensysteme. Mit 5 Tafeln. 1888. ℳ 1.80.

J. WALTHER, Die Korallenriffe der Sinaihalbinsel. Mit 1 geologischen Karte, 7 lithogr. Taf., 1 Lichtdrucktaf. u. 34 Zinkotyp. 1888. ℳ 6.—

W. SPALTEHOLZ, Die Verteilung der Blutgefäße im Muskel. Mit 3 Tafeln. 1888. ℳ 1.80.

S. LIE, Zur Theorie der Berührungstransformationen. 1888. ℳ 1.—

C. NEUMANN, Über die Methode des arithmetischen Mittels 2. Abhdlg. Mit 19 Holzschnitten. 1888. ℳ 6.—

XV. BAND. (26. Bd.) 1890. brosch. Preis ℳ 35.—

B. PETER, Monographie der Sternhaufen G. C. 4460 u. G. C. 1440, sowie e. Sterngruppe bei o Piscium. Mit 2 Taf. u. 2 Holzschn. 1889. ℳ 4.—

W. OSTWALD, Über die Affinitätsgrößen organischer Säuren u. ihre Beziehung zur Zusammensetz. u. Konstitution ders. 1889. ℳ 5.—

W. BRAUNE und O. FISCHER, Die Rotationsmomente der Beugemuskeln am Ellbogengelenk des Menschen. Mit 5 Tafeln und 6 Holzschnitten. 1889. ℳ 3.—

W. HIS, Die Neuroblasten und deren Entstehung im embryonalen Mark. Mit 4 Tafeln. 1889. ℳ 3.—

W. PFEFFER, Beiträge zur Kenntnis der Oxydationsvorgänge in lebenden Zellen. 1889. ℳ 5.—

A. SCHENK, Über Medullosa Cotta und Tubicaulis Cotta. Mit 3 Tafeln. 1889. ℳ 2.—

W. BRAUNE und O. FISCHER, Über den Schwerpunkt des menschlichen Körpers mit Rücksicht auf die Ausrüstung des deutschen Infanteristen. Mit 17 Tafeln und 18 Figuren. 1889. ℳ 8.—

W. HIS, Die Formentwicklung des menschlichen Vorderhirns vom Ende des 1. bis zum Beginn des 3. Monats. Mit 1 Taf. 1889. ℳ 2.80.

J. GAULE, Zahl und Verteilung der markhaltigen Fasern im Froschrückenmark. Mit 10 Tafeln. 1889. ℳ 8.—

XVI. BAND. (27. Bd.) 1891. brosch. Preis ℳ 21.—

P. STARKE, Arbeitsleistung u. Wärmeentwickelung bei der verzögerten Muskelzuckung. Mit 9 Tafeln u. 3 Holzschnitten. 1890. ℳ 6.—

W. PFEFFER, I. Über Aufnahme und Ausgabe ungelöster Körper. — II. Zur Kenntnis der Plasmahaut und der Vacuolen nebst Bemerkungen über den Aggregatzustand des Protoplasmas und über osmotische Vorgänge. Mit 2 Tafeln und 1 Holzschn. 1890. ℳ 7.—

J. WALTHER, Die Denudation in der Wüste und ihre geologische Bedeutung. Untersuchungen über die Bildung der Sedimente in den ägyptischen Wüsten Mit 8 Tafeln und 99 Zinkätzungen. 1891. ℳ 8.—

XVII. BAND. (29. Bd.) 1891. brosch. Preis ℳ 33.—

W. HIS, Die Entwicklung des menschlichen Rautenhirns vom Ende des 1. bis zu Beginn des 3. Monats. I. Verläng. Mark. Mit 4 Tafeln und 18 Holzschnitten. 1891. ℳ 4.—

W. BRAUNE und O. FISCHER, Die Bewegung des Kniegelenks, nach einer neuen Methode am lebenden Menschen gemessen. Mit 19 Tafeln und 6 Figuren. 1891. ℳ 5.—

R. HAHN, Mikrometrische Vermessung des Sternhaufens Σ762 ausgeführt am zwölffüßigen Äquatoreal der Leipziger Sternwarte. Mit 1 Tafel. 1891. ℳ 6.—

F. MALL, Das retikulierte Gewebe und seine Beziehungen zu den Bindegewebsfibrillen. Mit 11 Tafeln. 1891. ℳ 5.—

L. KREHL, Beiträge zur Kenntnis der Füllung und Entleerung des Herzens. Mit 7 Tafeln. 1891. ℳ 5.—

J. HARTMANN, Die Vergrößerung des Erdschattens bei Mondfinsternissen. Mit 1 lithogr. Tafel u. 3 Textfiguren. 1891. ℳ 8.—

XVIII. BAND. (31. Bd.) 1893. brosch. Preis ℳ 24.—

W. HIS jun., Die Entwickelung des Herznervensystems bei Wirbeltieren. Mit 4 Tafeln. 1891. ℳ 5.—

C. NEUMANN, Über einen eigentümlichen Fall elektrodynamischer Induction. Mit 1 Holzschnitt. 1892. ℳ 3.—

W. PFEFFER, Studien zur Energetik der Pflanze. 1892. ℳ 4.—

W. OSTWALD, Über die Farbe der Ionen. Mit 7 Taf. 1892. ℳ 2.—

O. EICHLER, Anatom. Untersuchungen über die Wege des Blutstromes im menschl. Ohrlabyrinth. Mit 4 Taf. u. 3 Holzschn. 1892. ℳ 3.—

H. HELD, Die Beziehungen des Vorderseitenstranges zu Mittel- und Hinterhirn. Mit 3 Tafeln. 1892. ℳ 1.20

W. G. HANKEL und H. LINDENBERG, Elektrische Untersuchungen. 19. Abhdlg.: Über die thermo- und piëzoelektrischen Eigenschaften der Krystalle des chlorsauren Natrons, des unterschwefelsauren Kalis, des Seignettesalzes, des Resorcins, des Milchzuckers und des dichromsauren Kalis. Mit 3 Tafeln. 1892. ℳ 1.80

W. BRAUNE u. O. FISCHER, Best. d. Trägheitsmomente d. menschl. Körpers u. seiner Glieder Mit 5 Taf. u. 7 Figur. 1892. ℳ 4.—

XIX. BAND. (32. Bd.) 1893. brosch. Preis ℳ 12.—

J. T. STERZEL, Die Flora des Rotliegenden im Plauenschen Grunde bei Dresden. Mit 13 Tafeln. 1893 ℳ 12.—

XX. BAND. (33 Bd.) 1893. brosch. Preis ℳ 21.—

O. FISCHER, Die Arbeit der Muskeln und die lebendige Kraft des menschlichen Körpers. Mit 2 Tafeln u. 11 Figuren 1893. ℳ 4.—

E. STUDY, Sphärische Trigonometrie, orthogonale Substitutionen und elliptische Funktionen. Mit 16 Figuren. 1893. ℳ 5.—

W. PFEFFER, Druck- und Arbeitsleistung durch wachsende Pflanzen. Mit 14 Holzschnitten. 1893. ℳ 8.—

H. CREDNER, Zur Histologie der Faltenzähne paläozoischer Stegocephalen. Mit 4 Tafeln und 5 Textfiguren. 1893 ℳ 4.—

XXI. BAND. (35. Bd.) 1895. brosch. Preis ℳ 27.—

O. EICHLER, Die Wege des Blutstromes durch den Vorhof und die Bogengänge des Menschen. Mit 1 Doppeltafel. 1894. ℳ 1.—

W. G. HANKEL und H. LINDENBERG, Elektrische Untersuchungen. 20. Abhdlg.: Über die thermo- und piëzoelektrischen Eigenschaften der Krystalle des brom- und überjodsauren Natrons, des Asparagins, des Chlor- und Brombaryums, sowie des unterschwefelsauren Baryts und Strontians. Mit 2 Tafeln. 1894. ℳ 1.60.

S. LIE, Untersuch. üb. unendl. kontinuierliche Gruppen. 1895. ℳ 5.—

W. BRAUNE u. O. FISCHER, Der Gang des Menschen. I. T.: Versuch am unbelast. u. bel. Mensch. M. 14 Taf. u. 26 Textfig. 1895. ℳ 12.—

H. BRUNS, Das Eikonal. 1895. ℳ 5.—

J. THOMAE, Untersuchungen über zwei-zweideutige Verwandtschaften und einige Erzeugnisse derselben. 1895. ℳ 3.—

XXII. BAND. (37. Bd.) 1895. brosch. Preis ℳ 20.—

H. CREDNER, Die Phosphoritknollen des Leipziger Mitteloligocäns und der norddeutschen Phosphoritzonen. Mit 1 Tafel. 1895. ℳ 2.—

O. FISCHER, Beiträge zu einer Muskeldynamik. 1. Abhdlg.: Über die Wirkungsweise eingelenk. Musk. M. 8 Taf. u. 13 Textfig. 1895. ℳ 9.—

R. BOEHM, Das südamerikanische Pfeilgift Curare in chemischer und pharmakol. Bezieh. I. T.: Das Tubo-Curare. Mit 1 Taf. 1895. ℳ 1.80.

B. PETER, Beobachtungen am sechszölligen Repsoldschen Heliometer der Leipziger Sternwarte. Mit 4 Textfig. u. 1 Doppeltaf. 1895. ℳ 6.—

W. HIS, Anatom. Forschungen über Joh. Seb. Bach's Gebeine u. Antlitz nebst Bemerk. üb. dessen Bilder. Mit 15 Textfig. u. 1 Taf. 1895. ℳ 2 —

XXIII. BAND. (40. Bd.) 1897. brosch. Preis ℳ 29.—

P. DRUDE, Über die anomale elektrische Dispersion von Flüssigkeiten. Mit 1 Tafel und 2 Textfiguren. 1896. ℳ 2.—

—— Zur Theorie stehender elektr. Drahtwellen. M. 1 Tzf. 1896. ℳ 5.—

M. v. FREY, Untersuchungen über die Sinnesfunktionen der menschl. Haut. 1. Abh.: Druckempfind. u. Schmerz. M. 16 Textfig. 1896. ℳ 5.—

O. FISCHER, Beiträge zur Muskelstatik. 1. Abhandlg.: Über das Gleichgewicht zwischen Schwere und Muskeln am zweigliedrigen System. Mit 7 Tafeln und 21 Textfiguren. 1896. ℳ 6.—

J. HARTMANN, Die Beob. d. Mondfinstern. M. 4 Textfig. 1896. ℳ 5.—

O. FISCHER, Beiträge zu einer Muskeldynamik. 2. Abhdlg.: Über die Wirkung der Schwere und beliebiger Muskeln auf das zweigliedrige System. Mit 4 Taf. und 12 Textfig. 1897. ℳ 6.—

XXIV. BAND. (42. Bd.) 1898. brosch. Preis ℳ 23.50

R. BOEHM, Das südamerikanische Pfeilgift Curare in chemischer und pharmakologischer Beziehung. II. Teil (Schluß): I Das Calebassencurare. II. Das Topfcurare. III. Über einige Curarerinden. Mit 4 Tafeln und 1 Textfigur. 1897. ℳ 3.—

W. WUNDT, Die geometrisch-optischen Täuschungen. Mit 65 Textfiguren. 1898. (Vergr.) ℳ 5 —

B. PETER, Beobachtungen am sechszöll. Repsoldschen Heliometer der Leipz. Sternwarte. 2. Abhdlg. Mit 2 Textfig. u. 1 Taf. 1898. ℳ 5.—

H. CREDNER, Die Sächsischen Erdbeben während der Jahre 1889 bis 1897. Mit 5 Taf. u. 2 in d. Text gedruckt. Kärtch. 1898. ℳ 4.50.

W. HIS, Über Zellen- und Syncytienbildung, Studien am Salmonidenkeim Mit 14 Figuren im Text 1898. ℳ 4.—

W. G. HANKEL, Elektrische Untersuchungen. 21. Abhdlg.: Über die thermo- und piëzo-elektrischen Eigenschaften der Krystalle des ameisensauren Baryts, Bleioxyds, Strontians und Kalkes, des salpetersauren Baryts und Bleioxyds, des schwefelsauren Kalis, des Glycocolls, Taurins und Quercits. Mit 2 Tafeln. 1899. ℳ 2.—

XXV. BAND. (43. Bd.) 1900. brosch. Preis ℳ 26.30.

O. FISCHER, Der Gang des Menschen. II. T.: Die Bewegung des Gesammtschwerpunktes und die äußeren Kräfte. Mit 12 Tafeln und 5 Textfiguren. 1899. ℳ 8.—

W. SCHEIBNER, Über die Differentialgleichungen der Mondbewegung. 1899. ℳ 1.50.

W. HIS, Protoplasmastudien am Salmonidenkeim. Mit 3 Tafeln und 21 Textfiguren. 1899. ℳ 5.—

W. OSTWALD, Periodische Erscheinungen bei der Auflösung des Chroms in Säuren. Erste Mitteilung. Mit 6 Tafeln. 1899. ℳ 3.—

S. GARTEN, Beiträge zur Physiologie des elektrischen Organes des Zitterrochen. Mit 1 Lichtdruck- u. 3 lithograph. Taf. 1899. ℳ 5.—

W. SCHEIBNER, Zur Theorie des Legendre-Jacobischen Symbols $\left(\frac{n}{m}\right)$. 1900. 1. Abhandlung. ℳ 1.80.

W. OSTWALD, Dampfdrucke ternärer Gemische. Mit 36 Textfiguren. 1900 ℳ 2.—